I0480025

"Diez Últimos Años"

Olimpiada Internacional
de Matemáticas

De 2009 a 2018

Colección Educativa *Magna-Scientia*

"Diez Últimos Años"

IMO

Olimpiada Internacional de Matemáticas

De 2009 a 2018

Michael Angel C. G.

Copyright © 2019 Michael Angel C. G.

Título:
Olimpiada Internacional de Matemáticas. 10 Ultimos Años. De 2009 a 2018.

Edición, Diseño de cubierta e interior:
Michael Angel C. G.

Las ilustraciones y esquemas así como varias partes del texto de la obra son adaptaciones al idioma español basadas en la monografías *Shorlisted Problems with Solutions* del 2009 al 2018 realizadas por el Comité de Selección de Problemas de la IMO.

Esta obra se publica bajo una licencia creative commons BY-NC-SA que permite copiar, redistribuir, remezclar, transformar y ampliar el contenido para cualquier propósito, excepto comercial de esta obra, siempre que se otorgue la autoría correspondiente, se proporcione un enlace a la licencia, y se indique si se realizaron cambios. Si remezcla, transforma o construye sobre el material, debe distribuir sus contribuciones bajo la misma licencia que el original. Ver detalles de esta licencia en https://creativecommons.org/licenses/by-nc-sa/4.0/

Prólogo

La Olimpiada Internacional de Matemáticas (IMO su sigla en inglés) es la Competencia Mundial de Matemáticas para estudiantes de secundaria y se celebra anualmente en un país diferente, estableciéndose asimismo como la competencia de Matemáticas más prestigiosa a la que un estudiante de secundaria puede aspirar a participar. La primera IMO se celebró en 1959 en Rumania, con 7 países participantes. Desde entonces se ha expandido gradualmente a más de 100 países de los 5 continentes.

Asimismo, la IMO constituye una gran oportunidad para que los estudiantes se enfrenten a problemas matemáticos originales, muy desafiantes e interesantes; pudiendo medir su nivel de conocimiento ante otros estudiantes del resto del mundo. Entre los tópicos que abarcan los problemas de esta competencia tenemos: Algebra, Combinatoria, Geometría y Teoría de Números.

En la presente edición, tengo el agrado de presentar una obra compilatoria de las Olimpiadas llevadas a cabo desde el 2009 en Alemania hasta el 2018 en Rumania, totalmente resueltas. Cada examen IMO consiste de los enunciados de un conjunto de seis problemas, prosiguiendo con su respectiva solución. Por lo tanto, espero con mucho optimismo que el presente trabajo contribuya a la preparación de los estudiantes de habla hispana en este tipo de competencias de alta exigencia, invitándoles a que afronten cada problema de este libro como un desafío personal antes de revisar su respectiva solución.

Finalmente, es importante mencionar que la solución brindada es una adaptación al idioma español de la solución oficial brindada por el Comité de Selección de Problemas de la IMO. Atentamente.

El Editor

Indice de Contenidos

IMO 2009

50° Olimpiada Internacional de Matemáticas

Bremen – Alemania

IMO 2009

50° Olimpiada Internacional de Matemáticas

Bremen, Alemania

10 – 22 de Julio, 2009[*].

Problema 1 (Por Ross Atkins, Australia)

Sea n un entero positivo y $a_1, \ldots, a_k$ $(k \geq 2)$ enteros diferentes del conjunto $\{1, \ldots, n\}$, tal que n divide a $a_i(a_{i+1} - 1)$, para $i = 1, \ldots, k - 1$. Probar que n no divide a $a_k(a_1 - 1)$.

Problema 2 (Por Sergei Berlov, Rusia)

Sea ABC un triángulo con circuncentro O tal que P y Q son puntos interiores de los lados CA y AB, respectivamente. Asimismo, sean K, L y M los puntos medios de los segmentos BP, CQ y PQ, respectivamente, y Γ la circunferencia que pasa por K, L y M. Se sabe que la recta PQ es tangente a la circunferencia Γ. Demostrar que $OP = OQ$.

Problema 3 (Por Gabriel Carroll, USA)

Sea $S_1, S_2, S_3, \ldots$ una sucesión estrictamente creciente de enteros positivos de modo que las sub-sucesiones

$$S_{S_1}, S_{S_2}, S_{S_3}, \ldots \qquad y \qquad S_{S_1+1}, S_{S_2+1}, S_{S_3+1}, \ldots$$

son ambas progresiones aritméticas. Probar que la sucesión $S_1, S_2, S_3, \ldots$ es también una progresión aritmética.

---

[*] El Primer día de competición se realizó el 15 de Julio (Problemas del 1 al 3), mientras que el Segundo día de competición se llevó a cabo el 16 de Julio (Problemas del 4 al 6).

11

Problema 4 (Por H. Lee, P. Vandendriessche y J. Vonk, Bélgica)

Sea ABC un triángulo tal que $AB = AC$. Las bisectrices de los ángulos $\angle CAB$ y $\angle ABC$ cortan a los lados BC y CA en D y E, respectivamente. Sea K el incentro del triángulo ADC. Suponiendo que el ángulo $\angle BEK = 45°$. Hallar todos los posibles valores de $\angle CAB$.

Problema 5 (Por Bruno Le Floch, Francia)

Determinar todas las funciones f del conjunto de los enteros positivos en el conjunto de los enteros positivos de tal forma que dado dos enteros positivos a y b, existe un triángulo no degenerado cuyos lados miden

$$a, \qquad f(b) \qquad y \qquad f(b + f(a) - 1).$$

(Un triángulo es *no degenerado* si sus vértices no están alineados).

Problema 6 (Por Dmitry Khramtsov, Rusia)

Sean $a_1, a_2, ..., a_n$ enteros positivos distintos y M un conjunto de $n - 1$ enteros positivos que no contiene al número $S = a_1 + a_2 + \cdots + a_n$. Un saltamontes se dispone a saltar a lo largo del eje real, comenzando en el punto 0 y realizando n saltos hacia la derecha de longitudes $a_1, a_2, ..., a_n$, en cierto orden. Demostrar que el saltamontes puede organizar sus saltos de manera que nunca caiga en algún punto de M.

Solucionario de Problemas
IMO 2009
Bremen, Alemania

Solucionario IMO 2009 – Bremen, Alemania.

Problema 1

Procedemos aquí en forma indirecta. Asumiendo que $a_i(a_{i+1} - 1) \equiv 0 \pmod{n}$ para $i = 1, 2, \ldots, k - 1$ (índices en módulo k). Afirmamos que esto implica que todos los a_i son iguales en módulo n.

Sea q cualquier potencia prima que divide a n. Luego, $a_1(a_2 - 1) \equiv 0 \pmod{q}$, por lo cual o $a_1 \equiv 0 \pmod{q}$ o $a_2 \equiv 1 \pmod{q}$.

1. Si $a_1 \equiv 0 \pmod{q}$, luego de $a_k(a_1 - 1) \equiv 0 \pmod{q}$ se deduce que $a_k \equiv 0 \pmod{q}$ también. Repitiendo este argumento, hallamos que $a_i \equiv 0 \pmod{q}$ para todo i.

2. Si $a_2 \equiv 1 \pmod{q}$, luego de $a_2(a_3 - 1) \equiv 0 \pmod{q}$ se deduce que $a_3 \equiv 1 \pmod{q}$ también. Repitiendo este argumento, hallamos que $a_i \equiv 1 \pmod{q}$ para todo i.

En particular, $a_i \pmod{q}$ es constante (0 o 1). Y puesto que q es una potencia prima arbitraria que divide a n, se concluye que $a_i \pmod{n}$ es constante por el Teorema Chino del Resto.

Problema 2

Primera Solución

Sean K, L, M, B' y C' los puntos medios de BP, CQ, PQ, CA y AB, respectivamente. Puesto que $CA \parallel LM$ tenemos que $\angle LMP = \angle QPA$. Puesto que la circunferencia Γ es tangente al segmento PQ en M, se deduce que $\angle LMP = \angle LKM$ y se tiene que $\angle QPA = \angle LKM$. Análogamente, ya que $AB \parallel MK$ sigue que $\angle PQA = \angle KLM$. Por lo tanto, los triángulos APQ y MKL son semejantes, así tenemos

$$\frac{AP}{AQ} = \frac{MK}{ML} = \frac{QB/2}{PC/2} = \frac{QB}{PC}.$$

La última expresión es equivalente a $AP \cdot PC = AQ \cdot QB$ lo cual significa que la potencia de los puntos P y Q con respecto a la circunferencia circunscrita al triángulo ABC son iguales, luego $OP = OQ$. Finalizando así la demostración.

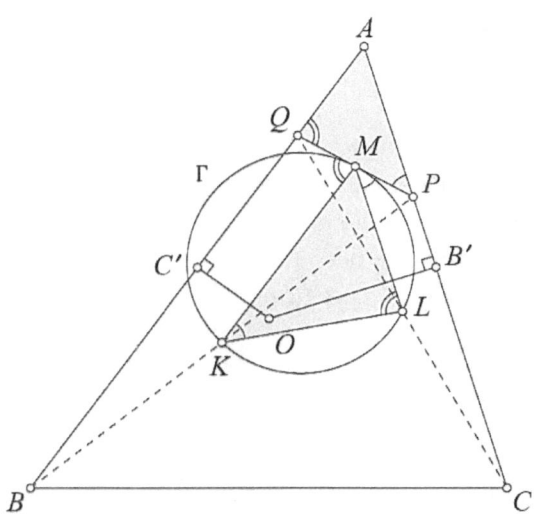

Comentario

La conclusión obtenida $OP = OQ$, podría ser alcanzada en una forma alternativa como sigue. Sabemos que $OP^2 - OQ^2 = OB'^2 + B'P^2 - OC'^2 - C'Q^2$, además $OB'^2 = OA^2 - AB'^2$ y $OC'^2 = OA^2 - AC'^2$. Luego, $OP^2 - OQ^2 = (AC'^2 - C'Q^2) - (AB'^2 - B'P^2)$. Después de factorizar $(AC'^2 - C'Q^2)$ y $(AB'^2 - B'P^2)$ y ya que $AC' = C'B$ y $AB' = B'C$, obtenemos que

$$OP^2 - OQ^2 = AQ \cdot QB - AP \cdot PC$$

Finalmente, como $AQ \cdot QB = AP \cdot PC$ por lo tanto $OP = OQ$.

Segunda Solución

Consideremos nuevamente a los puntos K, L y M como los puntos medios de los segmentos de BP, CQ y PQ , respectivamente. Sean O, S y T los circuncentros de los triángulos ABC, KLM y APQ, respectivamente. Notemos que $\overrightarrow{MK} = \overrightarrow{QB}/2$ y $\overrightarrow{ML} = \overrightarrow{PC}/2$. Asimismo, denotemos con $proy_\ell(\vec{v})$ a la proyección del vector $\vec{v}$ sobre la línea ℓ. Entonces, tenemos que $proy_{AB}(\overrightarrow{OT}) = proy_{AB}(\overrightarrow{OA} - \overrightarrow{TA}) = \overrightarrow{BA}/2 - \overrightarrow{QA}/2 = \overrightarrow{BQ}/2 = \overrightarrow{KM}$ y $proy_{AB}(\overrightarrow{SM}) = proy_{MK}(\overrightarrow{SM}) = \overrightarrow{KM}/2 = proy_{AB}(\overrightarrow{OT})/2$. Análogamente, tenemos que $proy_{CA}(\overrightarrow{SM}) = proy_{CA}(\overrightarrow{OT})/2$. Puesto que AB y CA no son paralelas, esto implica que $\overrightarrow{SM} = \overrightarrow{OT}/2$.

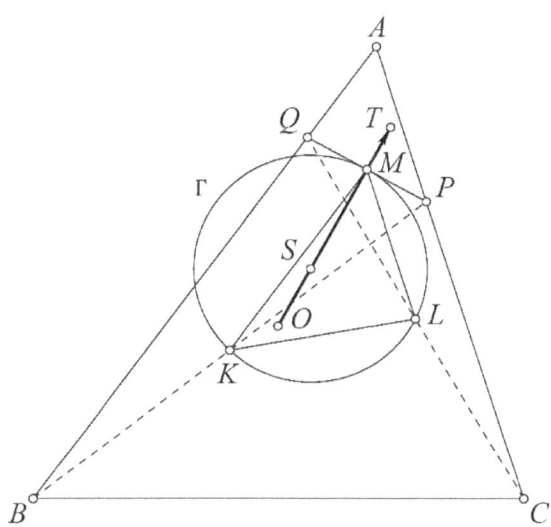

Puesto que la circunferencia Γ es tangente a PQ en M, luego $SM \perp PQ$ y $OT \perp PQ$. Ya que T es equidistante a P y Q, la línea OT es una mediatriz del segmento PQ, por lo tanto O es equidistante de los puntos P y Q, lo cual finaliza la demostración.

Problema 3

Primera Solución

Sea D la diferencia común de la progresión $S_{S_1}, S_{S_2}, S_{S_3}, \dots$. Y sea; $d_n = S_{n+1} - S_n$, para $n = 1, 2, \dots$. Probaremos que d_n es constante. En primer lugar, probaremos que los números d_n están acotados. En efecto, suponiendo que $d_n \geq 1$ para todo n. Entonces, tenemos que

$$d_n = S_{n+1} - S_n \leq d_{S_n} + d_{S_n+1} + \cdots + d_{S_{n+1}-1} = S_{S_{n+1}} - S_{S_n} = D.$$

El acotamiento implica que existen valores m y M que son el mínimo y el máximo de d_n, respectivamente. Luego, será suficiente demostrar que $m = M$. Asumiendo que $m < M$, elijamos n tal que $d_n = m$. Considerando la suma telescópica de elementos de $m = d_n = S_{n+1} - S_n$ no mayores a M, nos queda

$$D = S_{S_{n+1}} - S_{S_n} = S_{S_n+m} - S_{S_n} = d_{S_n} + d_{S_n+1} + \cdots + d_{S_n+m-1} \leq mM \qquad (1)$$

y la igualdad se verifica si y solo si todos los sumandos son iguales a M. Ahora, elijamos n tal que $d_n = M$. Del mismo modo, considerando la suma telescópica de M sumandos no menores a m, se tiene que

$$D = S_{S_{n+1}} - S_{S_n} = S_{S_n+M} - S_{S_n} = d_{S_n} + d_{S_n+1} + \cdots + d_{S_n+M-1} \geq mM \qquad (2)$$

y la igualdad se verifica si y solo si todos los elementos de la suma son iguales a m. Las desigualdades (1) y (2) implican que $D = Mm$ y que $d_{S_n} = d_{S_n+1} = \cdots = d_{S_{n+1}-1} = M$ si $d_n = m$ y $d_{S_n} = d_{S_n+1} = \cdots = d_{S_{n+1}-1} = m$ si $d_n = M$.

Por lo tanto, $d_n = m$ implica $d_{S_n} = M$. Asimismo, notamos que para todo n se verifica que $S_n \geq S_1 + (n-1) \geq n$ y además $S_n > n$ si $d_n = n$, ya que en el caso que $S_n = n$ se tendría $m = d_n = d_{S_n} = M$ encontrándose en contradicción a la premisa $m < M$. De igual manera, $d_n = M$ implica $d_{S_n} = m$ y $S_n > n$. En consecuencia, existe una sucesión estrictamente creciente $n_1, n_2, \ldots$ tal que $d_{S_{n_1}} = M$, $d_{S_{n_2}} = m$, $d_{S_{n_3}} = M$, $d_{S_{n_4}} = m$ y así sucesivamente.

Finalmente, la sucesión $d_{S_1}, d_{S_2}, \ldots$ es la sucesión de diferencias a pares de $S_{S_1+1}, S_{S_2+1}, \ldots$ y $S_{S_1}, S_{S_2}, \ldots$; y por la tanto también una progresión aritmética. Así tenemos que $m = M$, culminando la demostración.

Segunda Solución

Sean D y E las diferencias comunes de las progresiones $S_{S_1}, S_{S_2}, S_{S_3}, \ldots$ y $S_{S_1+1}, S_{S_2+1}, S_{S_3+1}, \ldots$, respectivamente. Haciendo $A = S_{S_1} - D$ y $B = S_{S_1+1} - E$. Luego, para todo entero positivo n tenemos que $S_{S_n} = A + nD$ y $S_{S_n+1} = B + nE$. Puesto que la sucesión $S_1, S_2, S_3, \ldots$ es estrictamente creciente, luego para todo entero positivo n tenemos que $S_{S_n} < S_{S_n+1} \leq S_{S_{n+1}}$, lo cual implica que $A + nD < B + nE \leq A + (n+1)D$, de lo cual se alcanza que $0 < B - A + n(E - D) \leq D$, lo que implica que $D - E = 0$, resultando

$$0 < B - A \leq D. \qquad (3)$$

Sea $m = min\{S_{n+1} - S_n, n = 1, 2, \ldots\}$. Entonces,

$$B - A = \left(S_{S_1+1} - E\right) - \left(S_{S_1} - D\right) = S_{S_1+1} - S_{S_1} \geq m \qquad (4)$$

y también

$$D = A + (S_1 + 1)D - (A + S_1 D) = S_{S_{S_1+1}} - S_{S_{S_1}} = S_{B+D} - S_{A+D} \geq \cdots \qquad (5)$$
$$\cdots \geq m(B - A)$$

De la desigualdad en (3) podemos considerar dos casos.

Caso 1. Cuando $B - A = D$
Luego, para cada entero positivo n, $S_{S_n+1} = B + nD = A + (n + 1)D = S_{S_{n+1}}$ por lo tanto $S_{n+1} = S_n + 1$ y $S_1, S_2, \ldots$ es una progresión aritmética con diferencia común 1.

Caso 2. Cuando $B - A < D$
Elijamos cierto entero positivo N tal que $S_{N+1} - S_N = m$. Luego, $m(A - B + D - 1) = m\big((A + (N + 1)D) - (B + ND + 1)\big) \leq S_{A+(N+1)D} - S_{B+ND+1}$. Además, $S_{A+(N+1)D} - S_{B+ND+1} = S_{S_{S_N+1}} - S_{S_{S_N+1}+1} = (A + S_{N+1}D) - (B + (S_N + 1)D) = (S_{N+1} - S_N)D + A - B - D = mD + A - B - D$. Por lo tanto, nos queda que $m(A - B + D - 1) \leq mD + A - B - D$, lo que es equivalente a

$$(B - A - m) + \big(D - m(B - A)\big) \leq 0 \qquad (6)$$

Asimismo, de las desigualdades $(4) - (6)$ se infiere que $B - A = m$ y $D = m(B - A)$. Supongamos que existe cierto entero positivo n tal que $S_{n+1} > S_n + m$. Luego, $m(m + 1) \leq m(S_{n+1} - S_n) \leq S_{S_{n+1}} - S_{S_n} = (A + (n + 1)D) - (A + nD) = D = m(B - A) = m^2$, lo cual es una contradicción. Por lo tanto, $S_1, S_2, \ldots$ es una progresión aritmética con diferencia común m.

Problema 4

Sea I el incentro del triángulo ABC luego K se encuentra en la línea de CI. Sea F el punto donde la circunferencia inscrita del triángulo ABC es tangente al lado AC; luego los segmentos IF y ID tienen la misma longitud y son perpendiculares a AC y BC, respectivamente.
Sean P, Q y R los puntos donde la circunferencia inscrita ADC es tangente a los lados AD, DC y CA, respectivamente. Puesto que K e I se encuentran en la bisectriz de $\angle ACD$, los segmentos ID e IF son simétricos con respecto a la línea IC. Por lo que existe un punto S sobre IF donde la circunferencia inscrita del triángulo ADC es tangente al segmento IF. Luego, los segmentos KP, KQ, KR y KS tienen la misma longitud y son perpendiculares a AD, DC, CA e IF,

respectivamente. Así, sin importar el valor del $\angle BEK$, el cuadrilátero $KRFS$ es un cuadrado y $\angle SFK = \angle KFC = 45°$.

Considérese el caso cuando $\angle BAC = 60°$ (Ver Figura 1). Luego el triángulo ABC es equilátero. Además, tenemos que $F = E$ y $\angle BEK = \angle IFK = \angle SEK = 45°$. En consecuencia, 60° es un valor posible para $\angle BAC$.

Ahora consideremos el caso $\angle BAC = 90°$ (Ver Figura 2). Luego $\angle CBA = \angle ACB = 45°$. Además, $\angle KIE = \angle CBA/2 + \angle ACB/2 = 45°$, $\angle AEB = 180° - 90° - 22.5° = 67.5°$ y $\angle EIA = \angle BID = 180° - 90° - 22.5° = 67.5°$. Por lo tanto el triángulo IEA es isósceles y simétrico con respecto a la bisectriz del $\angle IAE$. Así también, el triángulo IKE es simétrico con respecto a dicha bisectriz, es decir $\angle KIE = \angle IEK = \angle BEK = 45°$. Luego, 90° es un posible valor para el $\angle BAC$ también.

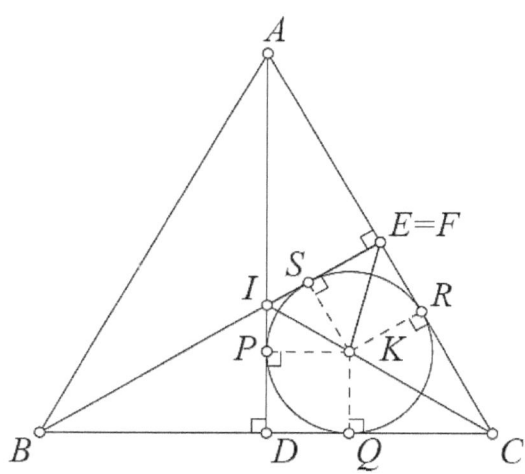

Figura 1

Si por otro parte $\angle BEK = 45°$ entonces $\angle BEK = \angle IEK = \angle IFK = 45°$. Luego, tenemos lo siguiente. O $F = E$, lo cual hace que la bisectriz sea una altura, es decir, lo cual hace que el triángulo ABC sea isósceles con base AC y por consiguiente equilátero, entonces $\angle BAC = 60°$; o E se halla entre F y C, lo cual hace que los puntos K, E, F e I sean concíclicos, luego $\angle KFC = \angle KFE = \angle KIE = \angle CBI + \angle ICB = 2 \angle ICB = 90° - \angle BAC/2 = 45°$, así se alcanza que $\angle BAC = 90°$; o F se halla entre E y C, y de nuevo los puntos K, E, F e I son concíclicos, así tenemos que $\angle KFC = 180° - \angle KFE = \angle KIE = 45°$, alcanzándose también que $\angle BAC = 90°$. Sin embargo, este resultado implica que E se halla entre F y C de acuerdo a la Figura 2, por lo tanto este caso es imposible. En conclusión, queda probado que los únicos valores posibles de $\angle BAC$ son 60° y 90°.

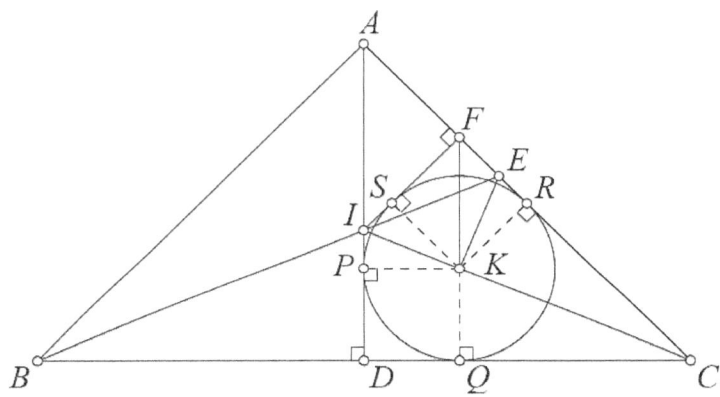

Figura 2

Problema 5

Si la función es $f(x) = x$ para todos los enteros positivos x, entonces los tres lados del triángulo son a, $f(b) = b$ y $c = f(b + f(a) - 1) = b + a - 1$. Ya que $a \geq 1$ y $b \geq 1$ tenemos que $c \geq \max\{a, b\} > |x - y|$ y $c < x + y$. De esto se infiere que un triángulo con estos lados existe y no se degenera. A continuación se probará que no existe ninguna otra solución.

Lema 1. *Se tiene que* $f(1) = 1$.

Demostración. Si $f(1) = 1 + m > 1$ concluiríamos que $f(b) = b + m$ para todo b, siendo los lados del triángulo 1, $f(b)$ y $f(b + m)$. Por lo cual, f seria una función de periodo m y en consecuencia acotada. Sea S una cota tal que $f(x) \leq S$. Si se elige $a > 2S$ tendríamos que $a > 2S \geq f(b) + f(b + f(a) - 1)$, lo cual sería a una contradicción.

Lema 2. *Para todo entero positivo c se tiene que* $f(f(c)) = c$.

Demostración. Colocando $a = c$ y $b = 1$ en $c = f(b + f(a) - 1)$ nos queda que $c = f(f(c))$.

21

Lema 3. *Para todo entero positivo $c \geq 1$ se tiene que $f(c) \leq c$.*

Demostración. Se probará que lo contrario conduce a una contradicción. Supongamos que $f(c) = d + 1 > c$ para cierto entero c. Del Lema 1 sabemos que $d \geq c \geq 2$. Sea $M = \max\{f(1), f(2), \ldots, f(d)\}$ el mayor valor de f para los primeros d enteros positivos. Entonces, probaremos que no existe ningún entero positivo p tal que

$$f(p) > \frac{c-1}{d} \cdot p + M, \tag{1}$$

de lo contrario podríamos descomponer el valor más pequeño de p como $p = dr + s$ donde r es un entero y $1 \leq s \leq d$. De la definición de M tenemos que $p > d$. Colocando $a = c$ y $b = p - d$ se obtiene de la desigualdad triangular que

$$c + f(p - d) > f\big((p-d) + f(c) - 1\big) = f(p - d + d) = f(p)$$

En consecuencia,

$$f(p - d) \geq f(p) - (c - 1) > \frac{c-1}{d}(p - d) + M,$$

es una contradicción a la condición de mínimo de p.
Por lo tanto la desigualdad (1) no se verifica para todo $p \geq 1$. Y tenemos que

$$f(p) \leq \frac{c-1}{d} \cdot p + M, \tag{2}$$

se cumple en su lugar.

Ahora bien, teniendo en cuenta (2), y ya que $c \leq d$ tenemos que $\frac{c-1}{d} < 1$. Asimismo, elegimos un entero p suficientemente grande para cumplir la condición

$$\left(\frac{c-1}{d}\right)^2 p + \left(\frac{c-1}{d} + 1\right) M < p.$$

Aplicando la expresión (2) se alcanza que

$$f\big(f(p)\big) \leq \frac{c-1}{d} \cdot f(p) + M \leq \frac{c-1}{d}\left(\frac{c-1}{d} \cdot p + M\right) + M < p$$

lo cual se encuentra en contradicción con el Lema 2, probándose de esta manera el Lema 3.

Finalmente, de los Lemas 2 y 3 obtenemos que $c = f\big(f(c)\big) \leq f(c) \leq c$ y por lo tanto que demostrado que $f(c) = c$ para todo entero positivo c.

Problema 6

La demostración la realizaremos mediante inducción. El caso cuando $n = 1$ es trivial, luego asumamos que $n > 1$ y que la premisa del problema se cumple para $1, 2, \ldots, n-1$. Asimismo, supongamos que $a_1 < a_2 < \cdots < a_n$. Sea $m \in M$ el número más pequeño de dicho conjunto. Luego, podemos considerar los siguientes casos:

Caso 1. Cuando $m < a_n$

Si $a_n \notin M$, entonces si el saltamontes realiza el primer salto de longitud a_n, el problema queda reducido a la sucesión $a_1, a_2, \ldots, a_{n-1}$ y al conjunto $M\backslash\{m\}$, lo cual sigue de inmediato por inducción. Supongamos ahora que $a_n \in M$ y consideremos los siguientes $n-1$ pares: $(a_1, a_1 + a_n), \ldots, (a_{n-1}, a_{n-1} + a_n)$. Todos los números de estos pares pertenecen al conjunto de $n-2$ elementos $M\backslash\{a_n\}$; por lo tanto uno de estos pares, digamos $(a_k, a_k + a_n)$, tienen sus dos componentes fuera de M. Si los primeros dos saltos del saltamontes son a_k y $a_k + a_n$, entonces éste ha saltado al menos sobre dos elementos de M, es decir m y a_n. Luego, existen como máximo $n-3$ elementos más de M para saltar y $n-2$ saltos más, por lo tanto la premisa a probar sigue por inducción.

Caso 2. Cuando $m \geq a_n$

Por la hipótesis de inducción, el saltamontes puede partir del punto $S = a_1 + a_2 + \cdots + a_n$, realizando $n-1$ saltos de longitud $a_1, a_2, \ldots, a_{n-1}$ hacia la izquierda, y evitando todos los puntos de $M\backslash\{m\}$. Si además evita el punto m, entonces hemos terminado (hace primero un salto de longitud a_n y revierte los saltos hechos previamente). Supongamos que después de realizar el salto a_k, el saltamontes cayó en el punto m. Si se cambia el salto a_k por el salto a_n, el saltamontes evitará el punto m y todos los saltos posteriores caerán fuera de M, puesto que el punto m se encuentra más a la izquierda.

IMO 2010

51° Olimpiada Internacional de Matemáticas

Astaná – Kazajistán

IMO 2010

51° Olimpiada Internacional de Matemáticas

Astaná, Kazajistán

02 – 14 de Julio, 2010[*].

Problema 1 (Por Pierre Bornsztein, Francia)

Determine todas las funciones $f : \mathbb{R} \to \mathbb{R}$ tal que la igualdad

$$f(\lfloor x \rfloor y) = f(x) \lfloor f(y) \rfloor$$

se satisfaga para todos los números $x, y \in R$. ($\lfloor z \rfloor$ denota el mayor entero que es menor o igual a z.)

Problema 2 (Por Tai Wai Ming y Wang Chongli, Hong Kong)

Dado un triángulo ABC, sea I su incentro y Γ su circunferencia circunscrita. La recta AI intersecta de nuevo a Γ en D. Sea E un punto en el arco $\widehat{BDC}$ y F un punto del lado BC tal que

$$\angle BAF = \angle CAE < \frac{1}{2} \angle BAC.$$

Asimismo, G es el punto medio del segmento IF. Demostrar que las rectas DG y EI se intersectan en Γ.

Problema 3 (Por Gabriel Carroll, USA)

Sea $\mathbb{N}$ el conjunto de los enteros positivos. Determinar todas las funciones $g : \mathbb{N} \to \mathbb{N}$ tal que

$$(g(m) + n)(m + g(n))$$

sea un cuadrado perfecto para todo $m, n \in \mathbb{N}$.

---

[*] El Primer día de competición se realizó el 7 de Julio (Problemas del 1 al 3), mientras que el Segundo día de competición se llevó a cabo el 8 de Julio (Problemas del 4 al 6).

Problema 4 (Por Marcin Kuczma, Polonia)

Dado el triángulo ABC, sea Γ su circunferencia circunscrita y P un punto en su interior. Las rectas AP, BP y CP intersectan de nuevo a Γ en los puntos K, L y M, respectivamente. La recta tangente a Γ en C intersecta a la recta AB en S. Si se cumple que $SC = SP$, probar que $MK = ML$.

Problema 5 (Por Hans Zantema, Holanda)

En cada una de las seis cajas $B_1, B_2, B_3, B_4, B_5, B_6$ hay inicialmente una sola moneda. Se permiten dos tipos de operaciones:

Tipo 1: Elegir una caja no vacía B_j, con $1 \leq j \leq 5$. Retirar una moneda de B_j y añadir dos monedas a B_{j+1}.

Tipo 2: Elegir una caja no vacía B_k, con $1 \leq k \leq 4$. Retirar una moneda de B_k e intercambiar los contenidos de las cajas (posiblemente vacías) B_{k+1} y B_{k+2}.

Determinar si existe una sucesión finita de estas operaciones que deje a las cajas B_1, B_2, B_3, B_4, B_5 vacías y a la caja B_6 conteniendo exactamente $2010^{2010^{2010}}$ monedas. (Notar que $a^{b^c} = a^{(b^c)}$.)

Problema 6 (Por Morteza Saghafiyan, Irán)

Sea $a_1, a_2, a_3, \ldots$ una sucesión de números reales positivos. Se tiene que para cierto entero positivo s,

$$a_n = max\{a_k + a_{n-k} \text{ tal que } 1 \leq k \leq n - 1\}$$

para todo $n > s$. Probar que existen enteros positivos ℓ y N, con $\ell \leq s$, tal que $a_n = a_\ell + a_{n-\ell}$ para todo $n \geq N$.

Solucionario de Problemas
IMO 2010
Astaná, Kazajistán

Solucionario IMO 2010 – Astaná, Kazajistán.

Problema 1

Primera Solución

En primer lugar, colocando $x = 0$ en la igualdad inicial obtenemos que

$$f(0) = f(0) \lfloor f(y) \rfloor \tag{1}$$

para todo $y \in \mathbb{R}$. Entonces, tenemos los casos siguientes.

Caso 1. Asumiendo que $f(0) \neq 0$, luego de (1) se deduce que $\lfloor f(y) \rfloor = 1$ para todo $y \in \mathbb{R}$. Por lo tanto, ecuación inicial se transforma en $f(\lfloor x \rfloor y) = f(x)$ y sustituyendo $y = 0$ tenemos que $f(x) = f(0) = C \neq 0$. Finalmente, ya que $\lfloor f(y) \rfloor = 1 = \lfloor C \rfloor$ se tiene que $1 \leq C < 2$.

Caso 2. Ahora asumiendo que $f(0) = 0$. Se presenta aquí dos situaciones.

2.1. Supongamos que existe un número real a tal que $0 < a < 1$ y $f(a) \neq 0$. Entonces, colocando $x = a$ en la ecuación inicial obtenemos $0 = f(0) = f(a)\lfloor f(y) \rfloor$ para todo $y \in \mathbb{R}$. Por lo tanto, $\lfloor f(y) \rfloor = 0$ para todo $y \in \mathbb{R}$. Finalmente, sustituyendo $x = 1$ en la ecuación inicial resulta que $f(y) = 0$ para todo $y \in \mathbb{R}$, contradiciendo así la condición $f(a) \neq 0$.

2.2. Por el contrario, tenemos $f(a) = 0$ para todo $0 \leq a < 1$. Considere un número real r; existe un entero N tal que $a = z/N \in [0,1)$ (Se puede colocar $N = \lfloor r \rfloor + 1$ si $r \geq 0$ y $N = \lfloor z \rfloor - 1$ en caso contrario). Ahora, de la ecuación inicial se infiere que $f(r) = f(\lfloor N \rfloor a) = f(N)\lfloor f(a) \rfloor = 0$ para todo $r \in \mathbb{R}$.

Finalmente, una fácil verificación prueba que todas las funciones obtenidas satisfacen la ecuación inicial.

Segunda Solución

Asumiendo que $\lfloor f(y) \rfloor = 0$ para cierto $y \in \mathbb{R}$; luego la sustitución $x = 1$ nos da $f(y) = f(1)\lfloor f(y) \rfloor = 0$. Por lo tanto, si $\lfloor f(y) \rfloor = 0$ para todo $y \in \mathbb{R}$, luego $f(y) = 0$ para todo y. Esta función cumple satisfactoriamente las condiciones del problema.

Así consideremos el caso cuando $\lfloor f(a) \rfloor \neq 0$ para cierto a. Luego, tenemos

$$f(\lfloor x \rfloor a) = f(x)\lfloor f(a)\rfloor, \qquad \text{o} \qquad f(x) = \frac{f(\lfloor x \rfloor a)}{\lfloor f(a)\rfloor}. \tag{2}$$

Lo cual significa que $f(x_1) = f(x_2)$ siempre que $\lfloor x_1 \rfloor = \lfloor x_2 \rfloor$, por lo tanto $f(x) = f(\lfloor x \rfloor)$ y podemos asumir que a es un entero.

Ahora tenemos que

$$f(a) = f\left(2a \cdot \frac{1}{2}\right) = f(2a)\left\lfloor f\left(\frac{1}{2}\right)\right\rfloor = f(2a)\lfloor f(0)\rfloor;$$

esto implica $\lfloor f(0)\rfloor \neq 0$, así podemos entonces asumir que $a = 0$. Por lo tanto la ecuación (2) resulta

$$f(x) = \frac{f(0)}{\lfloor f(0)\rfloor} = C \neq 0$$

para todo $x \in \mathbb{R}$. Finalmente, la ecuación inicial se vuelve equivalente a la expresión $C = C \lfloor C \rfloor$, la cual se satisface cuando $\lfloor C \rfloor = 1$.

En conclusión, las funciones que satisfacen la ecuación funcional inicial resultan $f(x) = C = const$, donde $C = 0$ o $1 \leq C < 2$.

Problema 2

Primera Solución

Sea X el segundo punto de intersección de la línea EI con Γ, y L el pie de la bisectriz de $\angle BAC$. Sean G' y T los puntos de intersección del segmento DX con las líneas IF y AF, respectivamente. Probaremos que $G = G'$, o $IG' = G'F$. Aplicando el Teorema de Menelao al triangulo AIF y la línea DX, se tiene que

$$1 = \frac{G'F}{IG'} = \frac{TF}{AT} \cdot \frac{AD}{ID} \qquad \text{o} \qquad \frac{TF}{AT} = \frac{ID}{AD}$$

Asimismo, la línea AF intersecta a Γ en el punto $K \neq A$ (Ver Figura 1); puesto que $\angle BAK = \angle CAE$ tenemos que $\widehat{BK} = \widehat{CE}$, luego $KE \parallel BC$. Notamos que $\angle IAT = \angle DAK = \angle EAD = \angle EXD = \angle IXT$ y por consiguiente los puntos I, A, X y T son concíclicos. Por lo tanto, tenemos que $\angle ITA = \angle IXA = \angle EXA = \angle EKA$ de modo que $IT \parallel KE \parallel BC$, obteniéndose que $\frac{TF}{AT} = \frac{IL}{AI}$.

Puesto que CI es el bisector de $\angle ACL$, obtenemos que $\frac{IL}{AI} = \frac{CL}{AC}$. Además, $\angle DCL = \angle DCB = \angle DAB = \angle CAD = \angle BAC/2$, en consecuencia los triángulos DCL y DAC son semejantes; por lo tanto tenemos que $\frac{CL}{AC} = \frac{DC}{AD}$. Finalmente, se sabe que el punto medio D del arco $\widehat{BC}$ es equidistante de los puntos I, B y C, luego $\frac{DC}{AD} = \frac{ID}{AD}$. En resumen se tiene que

$$\frac{TF}{AT} = \frac{IL}{AI} = \frac{CL}{AC} = \frac{DC}{AD} = \frac{ID}{AD}$$

como se requiere.

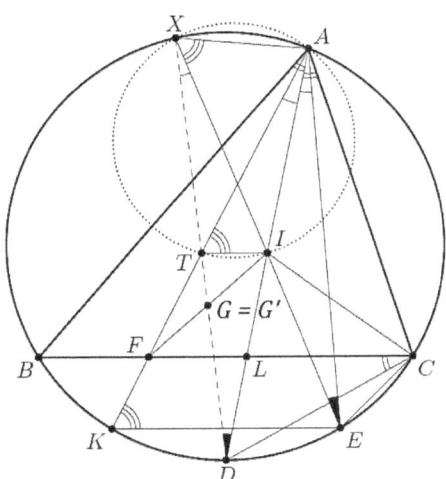

Figura 1

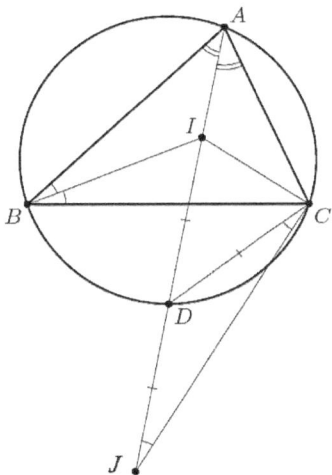

Figura 2

Comentario

La igualdad $\frac{AI}{IL} = \frac{AD}{DI}$ es conocida y puede ser obtenida de diferentes maneras. Por ejemplo, se puede considerar la inversión con centro D y radio $DC = DI$. Esta inversión toma el arco $\widehat{BAC}$ hacia el segmento BC, así el punto A va a L. Y por lo tanto $\frac{IL}{AI} = \frac{AI}{AD}$, la cual es la igualdad requerida.

Segunda Solución

Así como en el caso anterior, introducimos los puntos X, T y K y notamos que es suficiente probar la igualdad

$$\frac{TF}{AT} = \frac{DI}{AD} \iff \frac{TF+AT}{AT} = \frac{DI+AD}{AD} \iff \frac{AT}{AD} = \frac{AF}{AD+DI}.$$

Puesto que $\angle FAD = \angle EAI$ y $\angle TDA = \angle XDA = \angle XEA = \angle IEA$, luego los triángulos ATD y AIE son semejantes, en consecuencia $\dfrac{AT}{AD} = \dfrac{AI}{AE}$.

Asimismo, tenemos que $DB = DC = DI$. Sea J el punto sobre la extensión del segmento AD por el punto D tal que $DJ = DI = DC$ (Ver Figura 2). Luego, $\angle DJC = \angle JCD = (\pi - \angle JDC)/2 = \angle ADC/2 = \angle ABC/2 = \angle ABI$. Además, $\angle BAI = \angle JAC$, por lo tanto los triángulos ABI y AJC son semejantes, luego $\dfrac{AB}{AJ} = \dfrac{AI}{AC}$ o $AB \cdot AC = AJ \cdot AI = (DI + AD) \cdot AI$.

Por otra parte, se tiene que $\angle ABF = \angle ABC = \angle AEC$ y $\angle BAF = \angle CAE$, de modo que los triángulos ABF y AEC son también semejantes, lo cual implica que $\dfrac{AF}{AC} = \dfrac{AB}{AE}$ o $AB \cdot AC = AF \cdot AE$. En resumen tenemos que

$$(DI + AD) \cdot AI = AB \cdot AC = AF \cdot AE \implies \frac{AI}{AE} = \frac{AF}{AD+DI} \implies \frac{AT}{AD} = \frac{AF}{AD+DI}$$

como se requiere.

Comentario

El punto J es en efecto un excentro del triángulo ABC.

Problema 3

En primer lugar, es evidente que todas las funciones de la forma $f(n) = n + c$ donde c es una constante tal que $c \in \mathbb{Z}_0^+$, satisfacen las condiciones del problema puesto que $(f(m) + n)(f(n) + m) = (m + n + c)^2$ es un cuadrado perfecto. Se probará que no existe ninguna otra función.

Lema. Asumiendo que $p \mid f(k) - f(\ell)$ para cierto primo p y enteros positivos k, ℓ. Luego $p \mid k - \ell$.

Demostración. Supongamos primero que $p^2 \mid f(k) - f(\ell)$, así $f(\ell) = f(k) + p^2 a$ para cierto entero a. Sea D cierto entero positivo tal que $D >$

max $\{f(k), f(\ell)\}$ el cual no es divisible por p y pongamos $n = pD - f(k)$. Luego, los números positivos $n + f(k) = pD$ y $n + f(\ell) = pD + (f(\ell) - f(k)) = p(D + pa)$ son ambos divisibles por p pero no por p^2. Ahora bien, aplicando las condiciones del problema, se obtiene que tanto $(f(k) + n)(f(n) + k)$ como $(f(\ell) + n)(f(n) + \ell)$ son cuadrados divisibles por p así como por p^2; lo que significa que los factores $f(n) + k$ y $f(n) + \ell$ son también divisibles por p, por lo tanto $p \,|\, (f(n) + k) - (f(n) + \ell) = k - \ell$.

Por otro lado, si $f(k) - f(\ell)$ es divisible por p pero no por p^2, luego elegimos el mismo número D y colocamos $n = p^3 D - f(k)$. En consecuencia, los números positivos $f(k) + n = p^3 D$ y $f(\ell) + n = p^3 D + (f(\ell) - f(k))$ son divisibles por p^3 (pero no por p^4) y por p (pero no por p^2). Por lo tanto, en modo similar obtenemos que los números $f(n) + k$ y $f(n) + \ell$ son divisibles por p, por consiguiente $p \,|\, (f(n) + k) - (f(n) + \ell) = k - \ell$. ∎

Retornando al problema. Supongamos que $f(k) = f(\ell)$ para cierto $k, \ell \in \mathbb{N}$. Luego, por el Lema tenemos que $k - \ell$ es divisible por cada número primo, por lo que $k - \ell = 0$ o $k = \ell$. Por lo tanto, la función f es inyectiva.

Asimismo, consideremos los números $f(k)$ y $f(k + 1)$. Puesto que el número $(k + 1) - k = 1$ no posee ningún divisor primo, por el Lema mencionado lo mismo se verifica para $f(k + 1) - f(k)$; así tenemos que $|f(k + 1) - f(k)| = 1$. Ahora bien, sea $f(2) - f(1) = q$ y $|q| = 1$. Entonces, probaremos por inducción que $f(n) = f(1) + q(n - 1)$. La base para $n = 1, 2$ se cumplen por la definición de q. Para el paso, si $n > 1$ tenemos que $f(n + 1) = f(n) \pm q = f(1) + q(n - 1) \pm q$. Ya que $f(n) \neq f(n - 2) = f(1) + q(n - 2)$, se tiene que $f(n) = f(1) + qn$, como se requiere.

Finalmente, tenemos que $f(n) = f(1) + q(n - 1)$. Entonces q no puede ser -1 ya que de lo contrario para $n \geq f(1) + 1$ tenemos que $f(n) \leq 0$ lo cual es imposible. Por lo tanto $q = 1$ y $f(n) = (f(1) - 1) + n$ para cada $n \in \mathbb{N}$, y $f(1) - 1 \geq 0$, como se requiere.

Problema 4

Primera Solución

Asumiendo que $CA > CB$ así el punto S se encuentra en la prolongación de AB. De los triángulos semejantes $\triangle PKM \sim \triangle PCA$ y $\triangle PLM \sim \triangle PCB$ obtenemos que $\dfrac{PM}{KM} = \dfrac{PA}{CA}$ y $\dfrac{LM}{PM} = \dfrac{CB}{PB}$. Multiplicando ambas igualdades, se alcanza

$$\frac{LM}{KM} = \frac{CB}{CA} \cdot \frac{PA}{PB}.$$

Por lo tanto, la expresión $MK = KL$ es equivalente a $\frac{CB}{CA} = \frac{PB}{PA}$.

Denotemos con E el pie de la bisectriz del ángulo B en el triángulo ABC. Recordemos que el lugar geométrico de los puntos X tal que $\frac{XA}{XB} = \frac{CA}{CB}$ es la circunferencia de Apolonio Ω con centro Q sobre la línea AB, y esta circunferencia pasa por C y E. Por lo tanto, tenemos $MK = ML$ si y solo sí P se encuentra sobre Ω, donde $QP = QC$.

Probaremos ahora que $S = Q$, estableciendo así el enunciado del problema. Tenemos que $\angle CES = \angle CAE + \angle ACE = \angle BCS + \angle ECB = \angle ECS$, luego $CS = SE$. Por lo tanto, el punto S se encuentra sobre AB así como sobre la mediatriz de CE y por consiguiente coincide con Q.

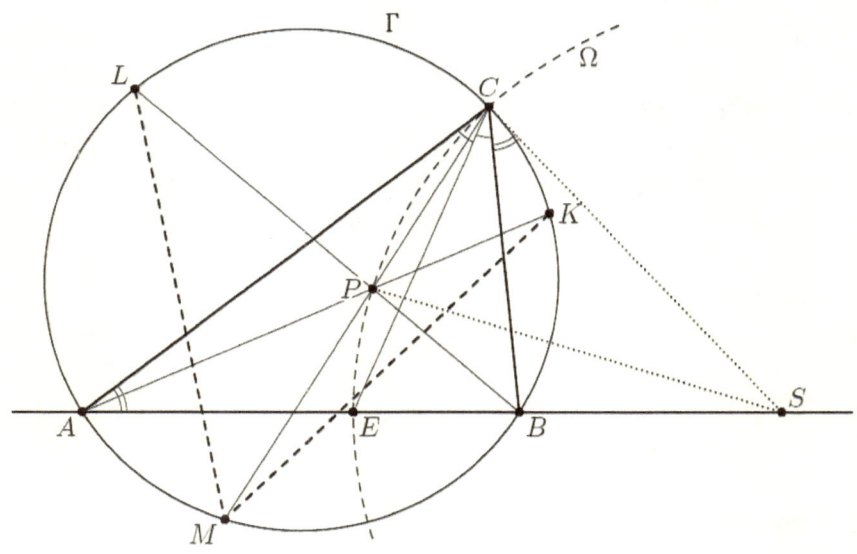

Segunda Solución

Presentaremos aquí una solución alternativa de la dirección inversa, es decir $MK = ML \implies SP = SC$. Al igual que en la solución previa, asumiremos que $CA > CB$, y que la línea SP se corta con Γ en E y F.

De $ML = MK$ tenemos que $\widehat{MEK} = \widehat{MFL}$. Ahora podemos afirmar que $\widehat{ME} = \widehat{MF}$ y $\widehat{EK} = \widehat{FL}$. Al contrario, supongamos primero que $\widehat{ME} > \widehat{MF}$; luego $\widehat{EK} = \widehat{MEK} - \widehat{ME} < \widehat{MFL} - \widehat{MF} = \widehat{FL}$. Ahora bien, la desigualdad $\widehat{ME} > \widehat{MF}$ implica que $2 \angle SCM = \widehat{EC} + \widehat{ME} > \widehat{EC} + \widehat{MF} = 2 \angle SPC$ y por lo tanto $SP > SC$. Por otro lado, la desigualdad $\widehat{EK} < \widehat{FL}$ implica que $2 \angle SPK = \widehat{EK} + \widehat{AF} < \widehat{FL} + \widehat{AF} = 2 \angle ABL$, en consecuencia

$$\angle SPA = 180° - \angle SPK > 180° - \angle ABL = \angle SBP.$$

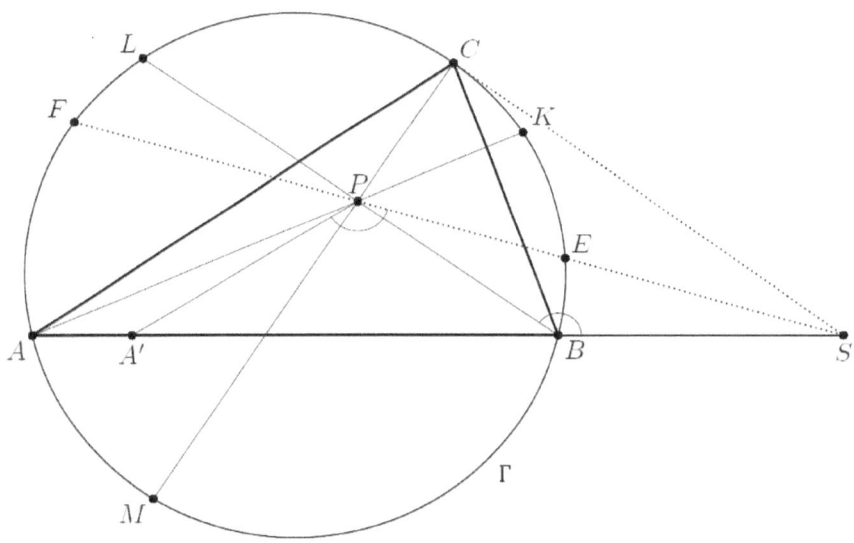

Consideremos el punto A' sobre el segmento SA para el cual $\angle SPA' = \angle SPB$. Luego, $\triangle SBP \sim \triangle SPA'$ y $SP^2 = SB \cdot SA' < SB \cdot SA = SC^2$. Por lo tanto, $SP < SC$ lo cual contradice $SP > SC$.

Similarmente, se puede probar que la desigualdad $\widehat{ME} < \widehat{MF}$ es también imposible. Así tenemos que $\widehat{ME} = \widehat{MF}$ y por lo tanto $2 \angle SCM = \widehat{EC} + \widehat{ME} = \widehat{EC} + \widehat{MF} = 2 \angle SPC$, lo cual implica que $SC = SP$.

Problema 5

Denotemos con $(a_1, a_2, ..., a_n) \longrightarrow (b_1, b_2, ..., b_n)$ a la siguiente operación; dado ciertas cajas consecutivas que contienen $a_1, a_2, ..., a_n$ monedas, entonces es posible realizar movimientos permitidos tales que las cajas contengan luego

$b_1, b_2, \ldots, b_n$ monedas respectivamente, mientras el contenido de las restantes permanecen inalterables.

Sea $M = 2010^{2010^{2010}}$. Nuestro objetivo es probar que $(1,1,1,1,1,1) \to (0,0,0,0,0,M)$. Antes probaremos dos Lemas necesarios.

Lema 1. $(a,0,0) \to (0,2^a,0)$ para todo $a \geq 1$.

Demostración. Probaremos por inducción que $(a,0,0) \to (a-k,2^k,0)$ para $1 \leq k \leq a$. Para $k = 1$ aplicamos la Operación 1 a la primera caja, luego

$$(a,0,0) \to (a-1,2,0) = (a-1,2^1,0).$$

Se asume ahora que $k < a$ y que el Lema se verifica para cierto $k < a$. A partir de $(a-k,2^k,0)$, aplicamos la Operación 1 a la segunda caja hasta que quede vacía.

$$(a-k,2^k,0) \to (a-k,2^k-1,2) \to \cdots \to (a-k,0,2^{k+1})$$

Luego, aplicamos la Operación 2 a la primera caja resultando

$$(a-k,0,2^{k+1}) \to (a-k-1,2^{k+1},0)$$

Por lo tanto,

$$(a,0,0) \to (a-k,2^k,0) \to (a-k-1,2^{k+1},0). \qquad \blacksquare$$

Lema 2. Sea $P_n = \left. 2^{2^{\cdot^{\cdot^2}}} \right\}$ "n" veces, para todo entero positivo n. Luego, $(a,0,0,0) \to (0,P_a,0,0)$ para todo $a \geq 1$.

Demostración. Probaremos que $(a,0,0,0) \to (a-k,P_k,0,0)$ para todo $1 \leq k \leq a$. Para $k = 1$ aplicamos la Operación 1 a la primera caja, luego

$$(a,0,0,0) \to (a-1,2,0,0) = (a-1,P_1,0,0).$$

Se asume ahora que el Lema se verifica para cierto $k < a$. A partir de $(a-k,P_k,0,0)$, se aplica el Lema 1 a la primera caja, resultando

$$(a-k,P_k,0,0) \to (a-k,0,2^{P_k},0) = (a-k,0,P_{k+1},0)$$

y aplicando la Operación 1 también a dicha caja tenemos

$$(a-k,0,P_{k+1},0) \to (a-k-1,P_{k+1},0,0).$$

38

Por lo tanto,

$$(a, 0, 0, 0) \longrightarrow (a - k, P_k, 0, 0) \longrightarrow (a - k - 1, P_{k+1}, 0, 0).$$ ∎

Ahora probaremos el enunciado del problema. Primero aplicamos la Operación 1 a la caja 5, y después aplicamos la Operación 2 a las cajas B_4, B_3, B_2 y B_1 en este orden, tenemos que

$$(1, 1, 1, 1, 1, 1) \longrightarrow (1, 1, 1, 1, 0, 3) \longrightarrow (1, 1, 1, 0, 3, 0) \longrightarrow (1, 1, 0, 3, 0, 0) \longrightarrow \cdots$$

$$\longrightarrow (1, 0, 3, 0, 0, 0) \longrightarrow (0, 3, 0, 0, 0, 0).$$

Aplicando a continuación dos veces el Lema 2, nos da

$$(0, 3, 0, 0, 0, 0) \longrightarrow (0, 0, P_3, 0, 0, 0) = (0, 0, 16, 0, 0, 0) \longrightarrow (0, 0, 0, P_{16}, 0, 0).$$

Asimismo, se observa que existen más de las M monedas en la caja B_4, ya que

$$M \leq 2010^{2010^{2010}} < (2^{11})^{2010^{2010}} = 2^{11 \cdot 2010^{2010}} < 2^{2010^{2011}} < 2^{(2^{11})^{2011}} = \cdots$$

$$= 2^{2^{11 \cdot 2011}} < 2^{2^{2^{15}}} < P_{16}.$$

Para disminuir el número de monedas en la caja B_4, se aplica la Operación 2 repetidamente hasta que su número se reduzca a $M/4$. (En cada paso retiramos una moneda de la caja B_4 e intercambiamos las cajas vacías B_5 y B_6.)

$$(0, 0, 0, P_{16}, 0, 0) \longrightarrow (0, 0, 0, P_{16} - 1, 0, 0) \longrightarrow (0, 0, 0, P_{16} - 2, 0, 0) \longrightarrow \cdots$$

$$\longrightarrow (0, 0, 0, M/4, 0, 0).$$

Finalmente, aplicando la Operación 1 repetidamente hasta vaciar primero B_4 y luego B_5 nos queda

$$(0, 0, 0, M/4, 0, 0) \longrightarrow \cdots \longrightarrow (0, 0, 0, 0, M/2, 0) \longrightarrow \cdots \longrightarrow (0, 0, 0, 0, 0, M).$$

Comentario

Empleando solamente 4 cajas no es difícil verificar manualmente que podemos alcanzar como máximo 28 monedas en la última caja. Sin embargo, con 5 y 6 cajas el máximo número de monedas crece sustancialmente. Por ejemplo, con 5 cajas es posible alcanzar más de $2^{2^{14}}$ monedas, mientras que con 6 cajas el máximo número de monedas es mayor a $P_{P_{2}14}$. No es difícil probar que el número $2010^{2010^{2010}}$ en el problema puede ser reemplazado por cualquier entero no negativo no mayor a $P_{P_{2}14}$.

Problema 6

De las condiciones del problema tenemos que cada a_n $(n > s)$ puede ser expresado como $a_n = a_{j_1} + a_{j_2}$ con $j_1, j_2 < n$, $j_1 + j_2 = n$. Si $j_1 > s$ luego podemos proceder del mismo modo con a_{j_1}, y así sucesivamente. Entonces, representamos a_n como

$$a_n = a_{i_1} + \cdots + a_{i_k}, \tag{1}$$

$$n = i_1 + \cdots + i_k, \qquad 1 \le i_j \le s \tag{2}$$

Además, si a_{i_1} y a_{i_2} son los números en (1) obtenidos en el último paso, luego $i_1 + i_2 > s$. Por lo tanto podemos ajustar la expresión (2) como

$$n = i_1 + \cdots + i_k, \qquad 1 \le i_j \le s. \quad i_1 + i_2 > s. \tag{3}$$

Por otro lado, suponiendo que los índices $i_1, \dots, i_k$ satisfacen las condiciones en (3). Luego, denotando con $A_j = i_1 + \cdots + i_j$, de la expresión inicial de la premisa del problema, tenemos que

$$a_n = a_{A_k} \ge a_{A_{k-1}} + a_{i_k} \ge a_{A_{k-2}} + a_{i_{k-1}} + a_{i_k} \ge \cdots \ge a_{i_1} + \cdots + a_{i_k}.$$

Resumiendo estas observaciones concluimos lo siguiente.

Lema. Para todo $n > s$, tenemos que

$$a_n = \max \left\{ a_{i_1} + \cdots + a_{i_k} : \text{la colección } (i_1, \dots, i_k) \text{ satisface (3) } \right\}.$$

Ahora denotemos

$$z = \max \left\{ \frac{a_i}{i}, \ 1 \le i \le s \right\}$$

y fijamos los índices $\ell \le s$ tal que $z = a_\ell / \ell$.

Consideremos cierto $n \ge s^2 \ell + 2s$ y elijamos una expansión de a_n de la forma (1) y (3). Luego, tenemos $n = i_1 + \cdots + i_k \le sk$, así $k \ge n/s \ge s\ell + 2$. Supongamos que ninguno de los números $i_3, \dots, i_k$ es igual a ℓ.

40

Entonces, por el Principio del Palomar existe un índice $1 \leq j \leq s$ el cual aparece en $i_3, \ldots, i_k$ al menos ℓ veces, y ciertamente $j \neq \ell$. Quitemos estas ℓ repeticiones de j de $(i_1, \ldots, i_k)$, y añadimos j veces ℓ en su lugar, obteniéndose una sucesión $(i_1, i_2, i'_3, \ldots, i'_k)$ que también satisface (3). Por el Lema tenemos

$$a_{i_1} + \cdots + a_{i_k} = a_n \geq a_{i_1} + a_{i_2} + a_{i'_3} + \cdots + a_{i'_k}$$

después de retirar los términos coincidentes, $\ell a_j \geq j a_\ell$, entonces $\dfrac{a_j}{j} \geq \dfrac{a_\ell}{\ell}$. Por la definición de ℓ, esto quiere decir que $\ell a_j = j a_\ell$, luego

$$a_n = a_{i_1} + a_{i_2} + a_{i'_3} + \cdots + a_{i'_k}.$$

Así, para cada $n \geq s^2 \ell + 2s$ tenemos una representación de la forma (1), (3) con $i_j = \ell$ para cierto $j \geq 3$. Reordenando los índices asumimos que $i_k = \ell$.

Finalmente, notamos que en esta representación, los índices $(i_1, \ldots, i_{k-1})$ satisfacen las condiciones (3) con n reemplazado por $n - \ell$. Luego. del Lema tenemos

$$a_\ell + a_{n-\ell} \geq \left(a_{i_1} + \cdots + a_{i_{k-1}}\right) + a_\ell = a_n,$$

por la expresión inicial de la premisa del problema se infiere que $a_n = a_\ell + a_{n-\ell}$ para todo $n \geq s^2 \ell + 2s$, como se requiere.

41

IMO 2011

52° Olimpiada Internacional de Matemáticas

Amsterdam – Holanda

IMO 2011

52° Olimpiada Internacional de Matemáticas

Amsterdam, Holanda

12 – 24 de Julio, 2011[*].

Problema 1 (Por Fernando Campos, México)

Dado un conjunto $A = \{a_1, a_2, a_3, a_4\}$ de cuatro enteros positivos distintos se denota con S_A a la suma $a_1 + a_2 + a_3 + a_4$. Sea n_A el número de parejas (i, j) tal que $1 \le i < j \le 4$, de forma que $a_i + a_j$ divide a S_A. Hallar todos los conjuntos A de cuatro enteros positivos distintos de modo que se alcance el mayor valor posible de n_A.

Problema 2 (Por Geoff Smith, Reino Unido)

Sea S un conjunto finito de al menos dos puntos en el plano. Asimismo, en S no existen tres puntos colineales. Un *remolino* es un proceso que comienza con una recta ℓ que pasa por un único punto P de S. La recta ℓ se rota en el sentido de las manecillas del reloj con centro en P hasta que la recta encuentre por primera vez otro punto de S, al cual llamaremos Q. Con Q como nuevo centro, se sigue rotando la recta en el sentido de las manecillas del reloj hasta que la recta encuentre otro punto de S. Este proceso continúa indefinidamente. Demostrar que se puede elegir un punto P de S y una recta ℓ que pase por P tal que el remolino resultante use cada punto de S como centro de rotación un número infinito de veces.

---

[*] El Primer día de competición se realizó el 18 de Julio (Problemas del 1 al 3), mientras que el Segundo día de competición se llevó a cabo el 19 de Julio (Problemas del 4 al 6).

Problema 3 (Por Igor Voronovich, Bielorrusia)

Sea $f: \mathbb{R} \longrightarrow \mathbb{R}$ una función definida en el conjunto de los números reales, la cual satisface la siguiente expresión

$$f(x + y) \leq y f(x) + f(f(x))$$

para todo par de números reales x, y. Probar que $f(x) = 0, \ \forall x \leq 0$.

Problema 4 (Por Morteza Saghafiyan, Irán)

Sea n un entero tal que $n > 0$. Se dispone de una balanza de dos platillos y de n pesas cuyos pesos son $2^0, 2^1, \ldots, 2^{n-1}$. Debemos colocar cada una de las n pesas en la balanza, una tras otra, de forma tal que el platillo derecho nunca sea más pesado que el platillo izquierdo. En cada paso, elegimos una de las pesas que no ha sido colocada en la balanza, y la colocamos ya sea en el platillo izquierdo o en el platillo derecho, hasta que todas las pesas hayan sido colocadas. Determinar el número de maneras en la que esto pueda realizarse.

Problema 5 (Por Seyedmahyar Sefidgaran, Irán)

Sea $f: \mathbb{Z} \longrightarrow \mathbb{Z}^+$, una función del conjunto de los enteros al conjunto de los enteros positivos. Asimismo, para cualesquiera dos enteros m y n, la diferencia $f(m) - f(n)$ es divisible por $f(m - n)$. Probar que para todos los enteros m y n con $f(m) \leq f(n)$, el número $f(n)$ es divisible por $f(m)$.

Problema 6 (Por Japón)

Sea ABC un triángulo acutángulo cuya circunferencia circunscrita es Γ. Sea ℓ una recta tangente a Γ, y sean ℓ_a, ℓ_b y ℓ_c las rectas las cuales se obtienen por reflexión de ℓ con respecto a las rectas BC, CA y AB, respectivamente. Demostrar que la circunferencia circunscrita del triángulo determinado por las rectas ℓ_a, ℓ_b y ℓ_c es tangente a la circunferencia Γ.

Solucionario de Problemas
IMO 2011
Amsterdam, Holanda

Solucionario IMO 2011 – Amsterdam, Holanda.

Problema 1

En primer lugar, probaremos que el valor de n_A es como máximo 4. En general, asumiremos que $a_1 < a_2 < a_3 < a_4$. Observamos que cada par de índices (i, j) con $1 \le i < j \le 4$, $a_i + a_j$ divide a S_A si y solo si $a_i + a_j$ divide a $S_A - (a_i + a_j) = a_k + a_l$, donde k y l son los otros dos índices. Puesto que existen 6 pares distintos, tenemos que probar que al menos dos de ellos no satisfacen la condición previa. Sean (a_2, a_4) y (a_3, a_4) dos de dichos pares. En efecto, notamos que $a_2 + a_4 > a_1 + a_3$ y $a_3 + a_4 > a_1 + a_2$. Por lo tanto $a_2 + a_4$ y $a_3 + a_4$ no divide a S_A. Esto demuestra que $n_A \le 4$.

Ahora supongamos que $n_A = 4$. Por los argumentos previos tenemos,

$$a_1 + a_4 \mid a_2 + a_3 \quad y \quad a_2 + a_3 \mid a_1 + a_4,$$

$$a_1 + a_2 \mid a_3 + a_4 \quad y \quad a_3 + a_4 \nmid a_1 + a_2,$$

$$a_1 + a_3 \mid a_2 + a_4 \quad y \quad a_2 + a_4 \nmid a_1 + a_3.$$

Por lo tanto, existen enteros positivos m y n con $m > n \ge 2$ tal que

$$\begin{cases} a_1 + a_4 = a_2 + a_3 \\ m(a_1 + a_2) = a_3 + a_4 \\ n(a_1 + a_3) = a_2 + a_4 \end{cases}$$

Sumando la primera y tercera ecuación nos queda que $n(a_1 + a_3) = 2a_2 + a_3 - a_1$. Si $n \ge 3$ entonces $n(a_1 + a_3) > 3a_3 > 2a_2 + a_3 > 2a_2 + a_3 - a_1$, lo cual es una contradicción. Por lo tanto $n = 2$; y si multiplicamos por 2 la suma de la primera y tercera ecuación obtenemos $6a_1 + 2a_3 = 4a_2$, mientras que la suma de la primera y la segunda ecuación nos da $(m + 1)a_1 + (m - 1)a_2 = 2a_3$. Y sumando las dos últimas expresiones tenemos que $(m + 7)a_1 = (5 - m)a_2$. De lo cual sigue que $5 - m \ge 1$, en vista que el lado izquierdo de la última ecuación así como a_2 son positivos. Y puesto que $m > n = 2$, m podría ser solamente o 3 o 4. Finalmente, sustituyendo $m = 3, n = 2$ y $m = 4, n = 2$ y resolviendo el sistema de ecuaciones anterior, obtenemos las familias de soluciones a_1, a_2, a_3, a_4 iguales a $\{k, 5k, 7k, 11k\}$ y $\{k, 11k, 19k, 29k\}$ donde k es un entero positivo.

En conclusión, los conjuntos A de cuatro enteros para el cual n_A es máximo ($n_A = 4$) están dados por $\{k, 5k, 7k, 11k\}$ y $\{k, 11k, 19k, 29k\}$ con $k \in \mathbb{Z}^+$.

Problema 2

A la recta rotante se le da una orientación y distinguimos sus lados como lado gris y lado blanco. Notamos que siempre que el pivote cambie de un punto T a otro punto U, después del cambio, T está en el mismo lado que estuvo antes U. Por lo tanto, el número de elementos de S en el lado gris y el número de estos en el lado blanco permanece el mismo en todo el proceso completo (excepto para los momentos cuando la línea contiene dos puntos).

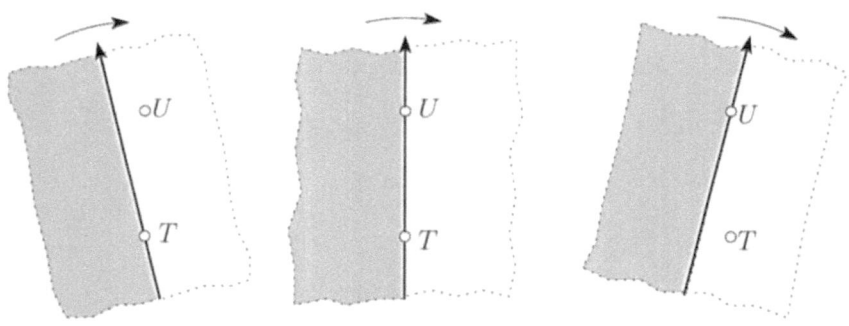

En primer lugar, consideramos el caso que $|S| = 2n + 1$ es impar. Afirmamos el siguiente Lema, que por cualquier punto $T \in S$, pasa una recta que posee n puntos de cada lado. Para probar esto, elijamos una recta orientada a través de T que no contenga ningún otro punto de S y supongamos que tiene $n + r$ puntos en su lado gris. Si $r = 0$ entonces el Lema queda establecido, luego podemos asumir que $r \neq 0$. Ya que la recta gira $180°$ alrededor de T, el número de puntos de S en su lado gris cambia en 1 siempre que la recta pase a través de un punto; después de $180°$, el número de puntos en lado gris es $n - r$. Por lo tanto, existe una etapa intermedia en la cual el lado gris así como también el lado azul contiene n puntos.

Ahora seleccionamos el punto P arbitrariamente, y elijamos una recta que pase por P la cual posee n puntos de S en cada lado siendo éste el estado inicial del remolino. Probaremos que durante una rotación de $180°$, una recta del remolino usa como pivote a cada punto de S. Para probar esto, seleccionamos cualquier punto T de S y seleccionamos una recta ℓ que pase por T separando S en partes iguales. El punto T es el único punto de S por el cual una recta en esta dirección puede separar los puntos de S en partes iguales (traslación paralela perturbaría el balance). Por lo tanto, cuando la recta del remolino es paralela a ℓ tiene que ser la misma ℓ, y así pasar por T.

Asimismo, supongamos que $|S| = 2n$. Similarmente al caso impar, para cada $T \in S$ existe una recta orientada que pase por T con $n-1$ puntos en su lado gris y n puntos en su lado blanco. Seleccionamos dicha recta orientada que pase por un punto arbitrario P para representar el estado inicial del remolino.

Probaremos ahora que durante una rotación de 360°, la recta del remolino usa cada punto de S como un pivote. Para probar esto, seleccionamos cualquier punto T de S y una recta orientada ℓ que pase por T separando S en dos subconjuntos con $n-1$ puntos en su lado gris y n puntos en su lado blanco. Otra vez, la traslación paralela cambiaría los números de puntos en los dos lados, así cuando la recta del remolino es paralela a ℓ con la misma orientación, la recta del remolino debe pasar por T.

Comentario

Se puede abreviar esta solución de la siguiente manera. Supongamos que $|S| = 2n + 1$, y consideremos cualquier recta ℓ que separe S en dos partes iguales; esta recta es única dada su dirección y contiene cierto punto $T \in S$. Asimismo, consideremos el remolino a partir de esta recta. Cuando la recta ha realizado una rotación de 180°, retorna a la misma ubicación pero el lado gris se convierte en blanco y viceversa. Así, para cada punto debería haber existido un momento en el que apareció como pivote, ya que esta es la única manera de que un punto pase de un lado al otro.

Ahora supongamos que $|S| = 2n$. Consideremos una recta que posee $n-1$ y n puntos en los dos lados; la cual contiene cierto punto T. Consideremos el remolino a partir de esta recta. Después de haber realizado una rotación de 180°, la recta del remolino contiene cierto punto diferente R, y cada punto diferente de T y R ha cambiado el color de su lado. Por lo tanto, el remolino debería haber pasado por todos los puntos.

Problema 3

Primera Solución

Sustituyendo $y = t - x$, la desigualdad original se puede escribir como,

$$f(t) \leq tf(x) - xf(x) + f(f(x)) \tag{1}$$

Consideremos ahora los números reales a y b, y sustituyendo en la expresión (1), $t = f(a)$ para $x = b$ y $t = f(b)$ para $x = a$, tenemos

$$f(f(a)) - f(f(b)) \leq f(a)f(b) - bf(b),$$

$$f(f(b)) - f(f(a)) \leq f(a)f(b) - af(a).$$

Sumando ambas desigualdades se alcanza que

$$2f(a)f(b) \geq af(a) + bf(b).$$

Ahora sustituimos $b = 2f(a)$ en la desigualdad anterior obteniéndose $2f(a)f(b) \geq af(a) + 2f(a)f(b)$ o $af(a) \leq 0$. Así tenemos,

$$f(a) \geq 0, \quad \forall\, a < 0 \tag{2}$$

Supongamos ahora que $f(x) > 0$ para cierto número real x. De (1) inmediatamente se infiere que para cada $t < (xf(x) - f(f(x)))/f(x)$ se tiene $f(t) < 0$. Lo cual contradice la expresión (2), luego

$$f(x) \leq 0, \quad \forall\, x \in \mathbb{R} \tag{3}$$

y de (2) conseguimos que $f(x) = 0$ para todo $x < 0$.

Queda por determinar $f(0)$, para este fin colocamos $t = x < 0$ en la desigualdad (1), obteniendo

$$0 \leq 0 - 0 + f(0),$$

Luego $f(0) \geq 0$, y al relacionarla con la expresión (3) tenemos que $f(0) = 0$.

Segunda Solución

En este caso usaremos la condición de la expresión (1) para hallar la solución. Para mayor claridad dividiremos la demostración en cuatro pasos.

Paso 1. Comenzamos probando que f puede tomar solamente valores no positivos. Asumamos que existe cierto número real z tal que $f(z) > 0$.

Sustituyendo $x = z$ en (1) y haciendo $A = f(z)$ y $B = -zf(z) - f(f(z))$, obtenemos $f(t) \leq At + B$ para todo real t. Por lo tanto, si para cualquier real positivo t sustituimos $x = -t$ y $y = t$ en la desigualdad inicial, sigue que

$$f(0) \leq tf(-t) + f(f(-t)) \leq t(-At + B) + Af(-t) + B \leq \cdots$$

$$\leq -t(At - B) + A(-At + B) + B = -At^2 - (A^2 - B)t + (A + 1)B.$$

Pero ciertamente esto no puede ser verdad si tomamos valores de t suficientemente grandes. Esta contradicción demuestra que en efecto $f(x) \leq 0$ para todo número real x. Asimismo, observamos que la desigualdad inicial se puede escribir como

$$f(x + y) \leq yf(x) \tag{4}$$

para todos los reales x y y.

Paso 2. Procedemos probando que f posee al menos un cero. Si $f(0) = 0$ luego terminaría la demostración. De lo contrario en virtud del Paso 1 tenemos que $f(0) < 0$. Asimismo, de (4) se deduce que $f(y) \leq yf(0)$ para todo $y \in \mathbb{R}$. Sea a un real positivo suficientemente grande tal que $f(a)^2 > -f(0)$. Colocando $b = f(a)$ y sustituyendo $x = b$ y $y = -b$ en (4); se infiere que $-b^2 < f(0) \leq -bf(b)$, es decir $b < f(b)$. Asimismo, sustituyendo $x = b$ y $t = f(b)$ en (1), se alcanza

$$f(f(b)) \leq (f(b) - b)f(b) + f(f(b)),$$

Luego, $f(b) \geq 0$. Considerando el Paso 1 tenemos que b es un cero de f.

Paso 3. Ahora probaremos que si $f(a) = 0$ y $b < a$ luego $f(b) = 0$ también. Procedemos sustituyendo $x = b$ y $y = a - b$ en (4), implicando que $f(b) \geq 0$, lo cual es suficiente de acuerdo al Paso 1.

Paso 4. Por el Paso 3, la solución del problema es reducida a demostrar que $f(0) = 0$. Elijamos cualquier cero r de f y sustituyamos $x = r$ y $y = -1$ en la desigualdad inicial. Ya que $f(r) = f(r - 1) = 0$, esto implica que $f(0) \geq 0$ y por lo tanto $f(0) = 0$ de acuerdo al Paso 1. Finalizando así la demostración.

Comentario

Ambas soluciones prueban que $f(x) \leq 0$ para todo $x \in \mathbb{R}$. Como se puede ver de la Solución 1, esto se logra de manera más fácil si se conoce que f toma valores no negativos para argumentos suficientemente pequeños. Otra manera de conseguirlo, es colocando $a = f(0)$ y sustituyendo $x = 0$ en la desigualdad original. De lo cual se obtiene $f(y) \leq ay + f(a)$ para todo $y \in \mathbb{R}$. Así, si para cualquier número real x sustituimos $y = a - x$ en la desigualdad original, se obtiene

$$f(a) \leq (a - x)f(x) + f(f(x)) \leq (a - x)f(x) + af(x) + f(a)$$

y por lo tanto $0 \leq (2a - x)f(x)$. Luego, si $x < 2a$ entonces $f(x) \geq 0$.

Inmediatamente se puede proceder casi exactamente como en la primera solución para deducir $f(x) \leq 0$ para todo $x \in \mathbb{R}$. Y finalmente la demostración puede culminarse como se muestra en los Pasos 3 y 4 de la segunda solución.

Problema 4

Primera Solución

Sea $f(n)$ el número de maneras de colocar los n pesos en los platillos. Asumiendo que $n \geq 2$, afirmamos que

$$f(n) = (2n - 1)f(n - 1). \tag{1}$$

En primer lugar, notamos que después del primer movimiento, el platillo de la izquierda siempre es al menos 1 más pesado que la de la derecha. Por lo tanto, cualquier forma válida de colocar las n pesas en la balanza da lugar, al no considerar el peso 1, a una forma válida de colocar los pesos $2^1, 2^2, \ldots, 2^{n-1}$.

Si dividimos el peso de cada pesa por 2, la respuesta no cambia. Así, estas $n - 1$ pesas pueden ser colocadas sobre la balanza en $f(n - 1)$ maneras diferentes. Observemos ahora la pesa 1; si se coloca sobre la balanza en el primer movimiento, luego tiene que ser colocada en el platillo izquierdo, de lo contrario puede ser colocada o en el platillo izquierdo o en el platillo derecho, ya que después del primer movimiento la diferencia entre las pesas sobre el platillo izquierdo y las pesas sobre el platillo derecho es al menos 2. Por lo tanto, existen $2n - 1$ maneras diferentes de insertar la pesa 1 en cada una de las $f(n - 1)$ secuencias válidas para las $n - 1$ pesas y alcanzar una secuencia válida para las n pesas. Lo cual finaliza la demostración de (1).

Puesto que $f(1) = 1$, luego por inducción obtenemos el número maneras diferentes de colocar las n pesas como sigue,

54

$$f(n) = (2n - 1) \cdot (2n - 3) \cdot ... \cdot 5 \cdot 3 \cdot 1 = (2n - 1)!!.$$

Comentario

1. Resulta útil observar que la respuesta es la misma para cualquier conjunto de pesas donde cada pesa es más pesada que la suma de las pesas más ligeras. En efecto, en tales casos la condición dada es equivalente a preguntar que durante el proceso la pesa más pesada en la balanza está siempre sobre el platillo izquierdo.

2. En vez de considerar la pesa más ligera, se puede también considerar la última pesa puesta en la balanza. Si esta pesa es 2^{n-1} luego debería ser puesta en el platillo izquierdo. De lo contrario se puede colocar en cualquier platillo; el desequilibrio no sería violado puesto que en ese momento la pesa más pesada se encuentra ya puesta en el platillo izquierdo. De acuerdo al comentario anterior, en cada uno de estos $2n - 1$ casos, el número de maneras de colocar las pesas es exactamente $f(n - 1)$, obteniéndose (1).

Segunda Solución

Se intentará un modo diferente de demostrar (1). Sea $f(0) = 1$ y asumamos que $n \geq 1$. Supongamos que la pesa 2^{n-1} es colocada sobre la balanza en el i-esimo movimiento donde $1 \leq i \leq n$. Esta pesa tiene que ser colocada en el platillo izquierdo. Asimismo, tenemos $\binom{n-1}{i-1}$ elecciones de las pesas y se puede deducir fácilmente que existen $f(i - 1)$ maneras válidas de colocarlas sobre la balanza. Para movimientos posteriores, no hay restricción en la forma en que los pesos deben colocarse en los platillos. Luego, todas las $(n - i)! \, 2^{n-i}$ maneras son posibles. Lo cual resulta en

$$f(n) = \sum_{i=1}^{n} \binom{n-1}{i-1} f(i-1)(n-i)! \, 2^{n-i} = \sum_{i=1}^{n} \frac{(n-1)! \, f(i-1) 2^{n-i}}{(i-1)!}. \qquad (2)$$

Hallando $f(n - 1)$ al sustituir $n - 1$ en lugar de n en (2), nos da

$$f(n - 1) = \sum_{i=1}^{n-1} \frac{(n-2)! \, f(i-1) 2^{n-1-i}}{(i-1)!}.$$

La expresión en (2) puede escribirse como sigue,

$$f(n) = 2(n-1) \sum_{i=1}^{n-1} \frac{(n-2)!\, f(i-1)\, 2^{n-1-i}}{(i-1)!} + f(n-1)$$

$$= 2(n-1)f(n-1) + f(n-1) = (2n-1)f(n-1).$$

Culminando así la solución del problema.

Comentario

Existen varias maneras de obtener la expresión en (2). Supongamos que en el primer movimiento colocamos la pesa 2^{n-i+1}. Luego, las $n-i$ pesas más ligeras pueden ser colocadas en la balanza en cualquier momento y sobre cualquier platillo. Lo que resulta en $2^{n-i} \cdot (n-1)!/(i-1)!$ elecciones para los movimientos con las pesas más ligeras. Los $i-1$ movimientos restantes dan una secuencia válida para las $i-1$ pesas más pesadas y esta es la única condición para estos movimientos, de manera que existen $f(i-1)$ de dichas secuencias. Sumando todas ellas para $i = 1, 2, \ldots, n$ se obtiene otra vez (2).

Problema 5

Primera Solución

Supongamos que x y y son dos enteros tal que $f(x) < f(y)$. Probaremos que $f(x)$ divide a $f(y)$. Haciendo $m = x$ y $n = y$, tenemos que

$$f(x-y) \mid |f(x) - f(y)| = f(y) - f(x) > 0,$$

luego $f(x-y) \le f(y) - f(x) < f(y)$. Sea $D = f(x) - f(x-y)$, se tiene que

$$-f(y) < -f(x-y) < D < f(x) < f(y).$$

Asimismo, haciendo $m = x$ y $n = x - y$ se deduce que $f(y) \mid D$, luego se tiene que $D = 0$, o en otras palabras $f(x) = f(x-y)$. Finalmente, haciendo $m = x$ y $n = y$ obtenemos que $f(x) = f(x-y) \mid f(x) - f(y)$, de lo cual se infiere que $f(x) \mid f(y)$.

Segunda Solución

Por claridad, se dividirá la solución en cuatro Lemas, en cada uno de los cuales las letras m y n denotan enteros arbitrarios.

Lema 1. $f(n) \mid f(mn)$.

56

Demostración. Ya que trivialmente $f(n) \mid f(1.n)$ y $f(n) \mid f((k+1)n) - f(kn)$ para todo entero k, lo cual es fácil de evidenciar mediante inducción sobre m en ambas direcciones. ∎

Lema 2. $f(n) \mid f(0)$ y $f(n) = f(-n)$.

Demostración. Esto se verifica fácilmente al colocar $m = 0$ en el Lema 1 probándose la primera parte de este Lema. Asimismo, empleando dos veces el Lema 1 con $m = -1$, se obtiene que $f(n) \mid f(-n) \mid f(n)$ de lo cual sigue la segunda parte del Lema. ∎

Del Lema 1, tenemos que $f(1) \mid f(n)$ para todo $n \in \mathbb{Z}$, luego $f(1)$ es el mínimo valor alcanzado por f. Asimismo, del Lema 2 la función f puede alcanzar solamente un numero finito de valores, puesto que todos estos valores dividen a $f(0)$.

Ahora probaremos el enunciado del problema por inducción sobre el número N_f de valores alcanzados por f. En el caso base $N_f \leq 2$, o tenemos que $f(0) \neq f(1)$, en cual caso estos dos números son los únicos valores alcanzados por f y el enunciado es evidente, o tenemos que $f(0) = f(1)$, en cual caso tenemos que $f(1) \mid f(n) \mid f(0)$ para todo $n \in \mathbb{Z}$, así tenemos que f es constante y el enunciado es evidente de nuevo.

Para el paso de inducción, asumimos que $N_f \geq 3$ y sea a el mínimo entero positivo con $f(a) > f(1)$. Notamos que dicho número existe debido a la simetría de f obtenida en el Lema 2.

Lema 3. $f(n) \neq f(1)$ si y solo sí $a \mid n$

Demostración. Puesto que $f(1) = \cdots = f(a-1) < f(a)$, el Lema se prueba del hecho que $f(n) = f(1) \Leftrightarrow f(n+a) = f(1)$. Lo cual será suficiente probar.

Asumimos que $f(n) = f(1)$. Luego, $f(n+a) \mid f(a) - f(-n) = f(a) - f(n) > 0$ por lo cual $f(n+a) \leq f(a) - f(n) < f(a)$; en particular la diferencia $f(n+a) - f(n)$ es estrictamente más pequeña que $f(a)$. Además, esta diferencia es divisible por $f(a)$ y no negativa, puesto que $f(n) = f(1)$ es el mínimo valor alcanzado por f. Así tenemos que, $f(n+a) - f(n) = 0$ como se requiere. Para la dirección inversa necesitamos observar que $f(n+a) = f(1)$ implica que $f(-n-a) = f(1)$ y por lo tanto $f(n) = f(-n) = f(1)$. ∎

Retornando al paso de inducción, elegimos dos enteros arbitrarios m y n tal que $f(m) \le f(n)$. Si $a \nmid m$ entonces tenemos $f(m) = f(1) \mid f(n)$. Por otro lado, supongamos que $a \mid m$; luego por el Lema 3 $a \mid n$ también. Ahora, definamos la función $g(x) = f(ax)$. Claramente, g satisface las condiciones del problema, pero $N_g < N_f - 1$, ya que g no alcanza a $f(1)$. Por lo tanto, por la hipótesis de inducción $f(m) = g(m/a) \mid g(n/a) = f(n)$ como se requiere.

Problema 6

Para la solución de este problema usaremos la noción de *ángulos orientados*. Es decir, para ℓ_1 y ℓ_2, denotamos con $\angle\,(\ell_1, \ell_2)$ al ángulo por el cual se puede rotar ℓ_1 en sentido contrario a las agujas del reloj para obtener una línea paralela a ℓ_2. Así, todos los ángulos orientados son considerados de módulo $180°$.

Primera Solución

Denotamos con T el punto de tangencia de ℓ y Γ. Sea $A' = \ell_b \cap \ell_c$, $B' = \ell_a \cap \ell_c$ y $C' = \ell_a \cap \ell_b$. Consideremos el punto A'' sobre Γ tal que $TA = AA''$ ($A'' \neq T$ a menos que TA sea un diámetro). Definamos los puntos B'' y C'' de manera similar. Puesto que los puntos B y C son los puntos medios de los arcos $\widehat{TB''}$ y $\widehat{TC''}$ respectivamente, tenemos que

$$\angle\,(\ell, B''C'') = \angle\,(\ell, TC'') + \angle\,(TC'', B''C'') = 2\angle\,(\ell, TC) + 2\angle\,(TC'', BC'')$$

$$= 2\left(\angle\,(\ell, TC) + \angle\,(TC, BC)\right) = 2\angle\,(\ell, BC) = \angle\,(\ell, \ell_a).$$

Asimismo, se tiene que ℓ_a y $B''C''$ son paralelos. En forma similar, $\ell_b \parallel A''C''$ y, $\ell_c \parallel A''B''$. Luego, o los triángulos $A'B'C'$ y $A''B''C''$ son homotéticos, o son traslaciones uno del otro. Probaremos ahora que son en efecto homotéticos, y que el centro de homotecia K pertenece a Γ. En consecuencia, tendríamos que sus circunferencias circunscritas son también homotéticas con respecto a K y son por lo tanto tangentes en este punto, como se requiere.

Lema 1. El punto de intersección X de las líneas $B''C$ y BC'' se halla sobre ℓ_a.

Demostración. Los puntos X y T son simétricos con respecto a la línea BC, puesto que las líneas CT y CB son simétricos con respecto a esta línea, como lo son también las líneas BT y BC''. ∎

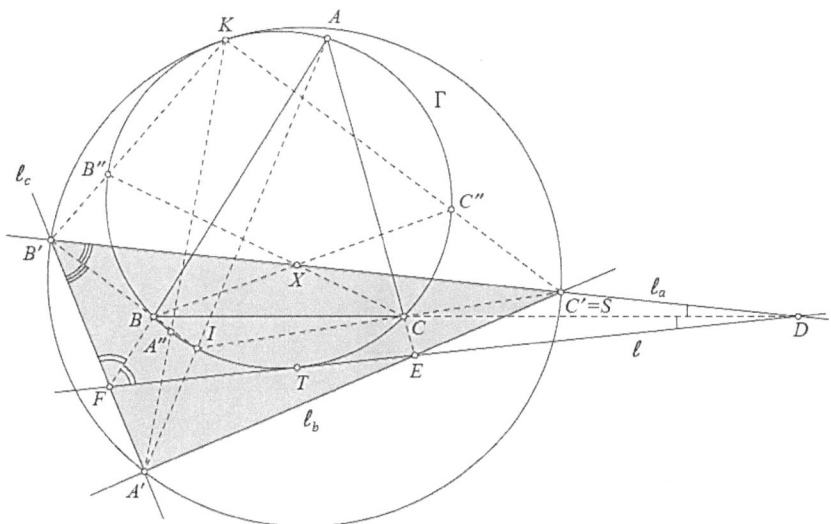

Lema 2. El punto de intersección I de las líneas BB' y CC' se encuentra en la circunferencia Γ.

Demostración. Consideremos el caso que ℓ no es paralelo a los lados del triángulo ABC; los otros casos pueden ser analizados como casos límites. Sea $D = \ell \cap BC$, $E = \ell \cap AC$ y $F = \ell \cap AB$.

Por simetría, la línea DB es una de las bisectrices del $\angle B'DF$; análogamente la línea FB es una de las bisectrices del $\angle B'FD$. Por consiguiente, B es o incentro o uno de los excentros del triángulo $B'DF$. En cualquier caso, tenemos que $\angle (BD, DF) + \angle (DF, FB) + \angle (B'B, B'D) = 90°$, luego

$$\angle (B'B, B'C') = \angle (B'B, B'D) = 90° - \angle (BC, DF) - \angle (DF, BA) = \cdots$$

$$= 90° - \angle (BC, AB).$$

Análogamente, se alcanza que $\angle (C'C, B'C') = 90° - \angle (BC, AC)$. Por tanto,

$$\angle (BI, CI) = \angle (B'B, B'C') + \angle (B'C', C'C) = \angle (BC, AC) - \angle (BC, AB) = \cdots$$

$$= \angle (AB, AC),$$

Lo cual significa que los puntos A, B, I y C son concíclicos. ∎

Ahora bien, podemos completar la demostración. Sea K el segundo punto de intersección de $B'B''$ y Γ. Aplicando el Teorema de Pascal al hexágono

59

$KB''CIBC''$ se deduce que los puntos $B' = KB'' \cap IB$ y $X = B''C \cap BC''$ son colineales con el punto de intersección S de CI y $C''K$. Por consiguiente $S = CI \cap B'X = C'$, y los puntos C', C'' y K son colineales. Por lo tanto, K es el punto de intersección de $B'B''$ y $C'C''$ lo cual implica que K es el centro del mapeo homotético $A'B'C'$ a $A''B''C''$ y pertenece a Γ.

Segunda Solución

Definimos los puntos T, A', B' y C' de la misma manera que en la Solución 1. Y sean X, Y y Z las imágenes simétricas de T con respecto de las líneas BC, CA y AB respectivamente. Notamos que las proyecciones de T sobre estas líneas forman una Recta de Simson de T con respecto a ABC, por lo tanto los puntos X, Y y Z son también colineales. Además, se tiene que $X \in B'C'$, $Y \in C'A'$ y $Z \in A'B'$.

Sea $\angle (\ell, TC) = \angle (BT, BC) = \alpha$. Usando la simetría en las líneas AC y BC, se alcanza que

$$\angle (BC, BX) = \angle (BT, BC) = \alpha \quad y \quad \angle (XC, XC') = \angle (\ell, TC) = \angle (YC, YC') = \alpha.$$

Puesto que $\angle (XC, XC') = \angle (YC, YC')$, los puntos X, Y, C y C' se encuentran sobre Γ_c. Similarmente, definimos las circunferencias Γ_a y Γ_b. Sea Γ^* la circunferencia circunscrita del triángulo $A'B'C'$.

Ahora, aplicando el Teorema de Miquel a las cuatro líneas $A'B'$, $A'C'$, $B'C'$ y XY; tenemos que las circunferencias Γ^*, Γ_a, Γ_b y Γ_c se intersectan en algún punto K. Probaremos que K se halla en Γ, y que las líneas tangentes a Γ y Γ^* coinciden en este punto; demostrando así el enunciado del problema.

Por simetría, tenemos que $XB = TB = ZB$, luego el punto B es el punto medio de uno de los arcos XZ de la circunferencia Γ_b. Por lo tanto, $\angle (KB, KX) = \angle (XZ, XB)$; análogamente obtenemos que $\angle (KX, KC) = \angle (XC, XY)$.

Sumando estas dos últimas igualdades y usando la simetría entorno a la línea BC se alcanza que

$$\angle (KB, KC) = \angle (XZ, XB) + \angle (XC, XZ) = \angle (XC, XB) = \angle (TB, TC).$$

Por consiguiente K se encuentra sobre Γ.

Asimismo, sea k la línea tangente a Γ en K. Entonces

$$\angle (k, KC') = \angle (k, KC) + \angle (KC, KC') = \angle (KB, BC) + \angle (XC, XC') = \cdots$$

$$= \big(\angle\,(KB, BX) - \angle\,(BC, BX)\big) + \alpha = \angle\,(KB', B'X) - \alpha + \alpha = \angle\,(KB', B'C')$$

Lo cual significa que la línea k es tangente a Γ^*, finalizando así la demostración.

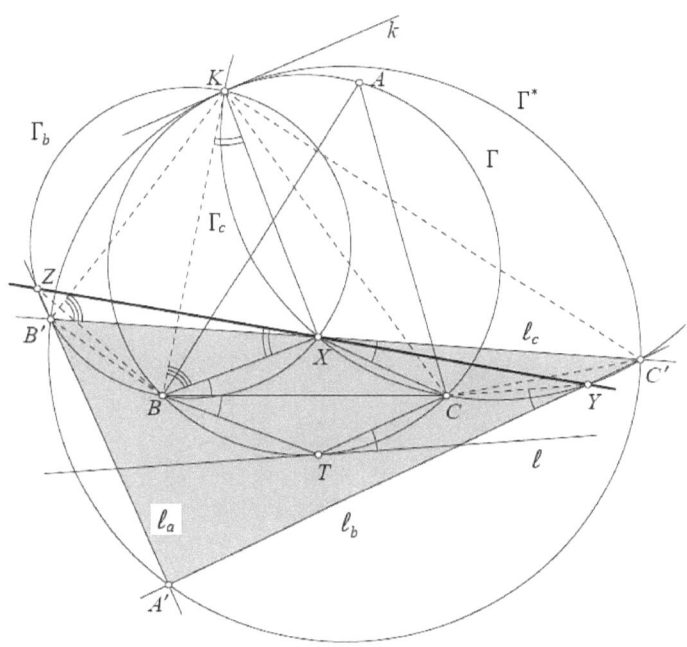

Comentario

Existen varias soluciones alternativas que resultan de combinar las ideas de las soluciones presentadas anteriormente. Por ejemplo, se puede definir el punto X como el reflejo de T con respecto a la línea BC, y luego de introducir el punto K como el segundo punto de intersección de las circunferencias circunscritas de $BB'X$ y $CC'X$. Y ya que BB' y CC' son bisectrices del $\angle\,(A'B', B'C')$ y $\angle\,(A'C', B'C')$ se puede probar entonces que $K \in \Gamma$, $K \in \Gamma^*$ y que las tangentes a Γ y Γ^* coinciden en K.

IMO 2012

53° Olimpiada Internacional de Matemáticas

Mar del Plata – Argentina

IMO 2012

53° Olimpiada Internacional de Matemáticas

Mar del Plata, Argentina

04 – 16 de Julio, 2012*.

Problema 1 (Por Evangelos Psychas, Grecia)

Dado un triángulo ABC, el punto J es el centro del excírculo opuesto al vértice A. Este excírculo es tangente al lado BC en M, y a las rectas AB y AC en K y L, respectivamente. Las rectas LM y BJ se cortan en F, y las rectas KM y CJ se cortan en G. Sea S el punto de intersección de las rectas AF y BC, y sea T el punto de intersección de las rectas AG y BC. Demostrar que M es el punto medio de ST.

(El excírculo de ABC opuesto al vértice A es la circunferencia que es tangente al lado BC, a la prolongación del lado AB más allá de B, y a la prolongación del lado AC más allá de C.)

Problema 2 (Por Angelo di Pasquale, Australia)

Sea $n \geq 3$ un entero, y sean $a_2, a_3, \ldots, a_n$ números reales positivos tales que $a_2 \cdot a_3 \cdot \ldots \cdot a_n = 1$. Probar que

$$(1 + a_2)^2(1 + a_3)^3 \cdots (1 + a_n)^n > n^n.$$

Problema 3 (Por David Arthur, Canadá)

El *juego de la adivinanza del mentiroso* es un juego que se realiza entre dos jugadores A y B. Las reglas del juego dependen de dos enteros positivos k y n que conocidos por ambos jugadores. Al principio del juego, el jugador A elige enteros x y N con $1 \leq x \leq N$. El jugador A mantiene x

---
* El Primer día de competición se realizó el 10 de Julio (Problemas del 1 al 3), mientras que el Segundo día de competición se llevó a cabo el 11 de Julio (Problemas del 4 al 6).

65

en secreto, y le revela a B el valor real de N. A continuación, el jugador B trata de obtener información acerca de x formulando preguntas a A de la siguiente manera: en cada pregunta, B especifica un conjunto arbitrario S de enteros positivos (que puede ser uno de los especificados en alguna pregunta anterior), y le pregunta a A si x pertenece a S. El jugador B puede hacer tantas preguntas de ese tipo como desee. Después de cada pregunta, el jugador A debe responderla inmediatamente con sí o no, pero puede mentir tantas veces como quiera. La única restricción es que entre cualesquiera $k + 1$ respuestas consecutivas, al menos una debe ser cierta. Después de que B haya formulado tantas preguntas como haya deseado, debe especificar un conjunto X de a lo más n enteros positivos. Si x pertenece a X luego gana B; de lo contrario, pierde. Probar que:

1. Si $n \geq 2^k$, entonces B puede garantizarse la victoria.
2. Para todo k suficientemente grande, existe un entero $n \geq 1.99^k$ tal que B no puede garantizarse la victoria.

Problema 4 (Por Liam Baker, Sudáfrica)

Hallar todas las funciones $f : \mathbb{Z} \to \mathbb{Z}$ que verifican la siguiente igualdad:

$$f(a)^2 + f(b)^2 + f(c)^2 = 2f(a)f(b) + 2f(b)f(c) + 2f(c)f(a),$$

para todos los enteros a, b, c donde $a + b + c = 0$.
($\mathbb{Z}$ denota el conjunto de los números enteros.)

Problema 5 (Por Josef Tkadlec, República Checa)

Sea ABC un triángulo tal que $\angle BCA = 90°$, y sea D el pie de la altura desde C. Sea X un punto interior del segmento CD. Sea K el punto en el segmento AX tal que $BK = BC$. En forma similar, sea L el punto en el segmento BX tal que $AL = AC$. Sea M el punto de intersección de AL y BK. Probar que $MK = ML$.

Problema 6 (Por Dusan Djukic, Serbia)

Hallar todos los enteros positivos n para los cuales existen enteros no negativos $a_1, a_2, \ldots, a_n$ tal que

$$\frac{1}{2^{a_1}} + \frac{1}{2^{a_2}} + \cdots + \frac{1}{2^{a_n}} = \frac{1}{3^{a_1}} + \frac{2}{3^{a_2}} + \cdots + \frac{n}{3^{a_n}} = 1.$$

Solucionario de Problemas
IMO 2012
Mar del Plata, Argentina

Solucionario IMO 2012 – Mar del Plata, Argentina.

Problema 1

Sea $\angle CAB = \alpha$, $\angle ABC = \beta$ y $\angle BCA = \gamma$. Además, la línea AJ es la bisectriz de $\angle CAB$ luego $\angle JAK = \angle JAL = \alpha/2$. Y ya que $\angle AKJ = \angle ALJ = 90°$, los puntos K y L se encuentran sobre la circunferencia ω de diámetro AJ.

El triángulo KBM es isósceles en vista que BK y BM son tangentes al excírculo. Ya que BJ es la bisectriz de $\angle KBM$ luego $\angle MBJ = 90° - \beta/2$ y $\angle BMK = \beta/2$. En forma similar, $\angle MCJ = 90° - \gamma/2$ y $\angle CML = \gamma/2$, además $\angle BMF = \angle CML$, entonces

$$\angle LFJ = \angle MBJ - \angle BMF = \left(90° - \frac{\beta}{2}\right) - \frac{\gamma}{2} = \frac{\alpha}{2} = \angle LAJ.$$

Por consiguiente, F se encuentra sobre la circunferencia ω. Análogamente, G se ubica también sobre ω. Puesto que AJ es un diámetro de ω, se tiene que $\angle AFJ = \angle AGJ = 90°$.

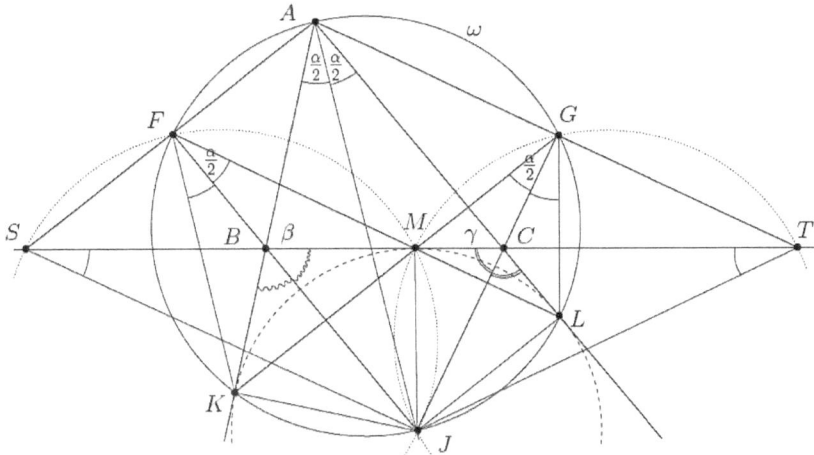

Las líneas AB y BS son simétricas con respecto a la bisectriz externa BF. Ya que $AF \perp BF$ y $KM \perp BF$, los segmentos SM y AK son simétricos con respecto a BF, luego $SM = AK$. Además, por simetría tenemos $TM = AL$ y como $AK = AL$ por ser tangentes al excírculo, por lo tanto $SM = TM$. Quedando la demostración completa.

Comentario

Luego de determinar la circunferencia $AFKJLG$, existen muchas maneras de completar la demostración. Por ejemplo, de los cuadriláteros cíclicos $JMFS$ y $JMGT$ se puede hallar que $\angle TSJ = \angle STJ = \alpha/2$. Otra alternativa es usando el hecho de que las líneas AS y GM son paralelas (ambas perpendiculares a la bisectriz exterior BJ), y por lo tanto $\frac{SM}{MT} = \frac{AG}{GT} = 1$.

Problema 2

Haciendo las siguientes sustituciones $a_2 = x_2/x_1$, $a_3 = x_3/x_2$, ... , $a_n = x_1/x_{n-1}$, la desigualdad inicial se transforma en

$$(x_1 + x_2)^2(x_2 + x_3)^3 \dots (x_{n-1} + x_1)^n > n^n x_1^2 x_2^3 \dots x_{n-1}^n, \qquad (*)$$

para todo $x_1, \dots, x_{n-1} > 0$. Aplicando la propiedad de desigualdad MA-MG a cada término del lado izquierdo de $(*)$ tenemos,

$$(x_1 + x_2)^2 \qquad\qquad\qquad\qquad\qquad \geq 2^2 x_1 x_2$$

$$(x_2 + x_3)^3 = \qquad \left(2\left(\frac{x_2}{2}\right) + x_3\right)^3 \qquad \geq 3^3 \left(\frac{x_2}{2}\right)^2 x_3$$

$$(x_3 + x_4)^4 = \qquad \left(3\left(\frac{x_3}{3}\right) + x_4\right)^4 \qquad \geq 4^4 \left(\frac{x_3}{3}\right)^2 x_4$$

$$\vdots \qquad\qquad\qquad\qquad \vdots \qquad\qquad\qquad \vdots$$

$$(x_{n-1} + x_1)^n = \left((n-1)\left(\frac{x_3}{n-1}\right) + x_1\right)^n \geq n^n \left(\frac{x_{n-1}}{n-1}\right)^{n-1} x_1.$$

Ahora, multiplicando miembro a miembro todas las desigualdades obtenemos la desigualdad buscada $(*)$ pero con el signo mayor e igual. Sin embargo, para que la igualdad ocurra es necesario que se satisfaga que $x_1 = x_2$, $x_2 = 2x_3$, ..., $x_{n-1} = (n-1)x_1$ infiriéndose que $x_1 = (n-1)! \, x_1$. Lo cual es imposible puesto que $x_1 > 0$ y $n \geq 3$. Por lo tanto el signo es estrictamente mayor. Quedando demostrada así la desigualdad inicial.

Comentario

Asimismo, se podría resolver procediendo en forma directa aplicando la desigualdad MA-MG a cada factor, evitando la sustitución antes realizada. Así tenemos que,

$$(1 + a_k)^k = \left((k-1)\left(\frac{1}{k-1}\right) + a_k\right)^n \geq \frac{k^k}{(k-1)^{k-1}}a_k, \quad 2 \leq k \leq n.$$

Multiplicando mutuamente todas las desigualdades obtenemos,

$$(1 + a_2)^2(1 + a_3)^3 \dots (1 + a_n)^n \geq n^n a_2 a_3 \dots a_n = n^n.$$

Aplicando el mismo argumento que en la demostración anterior el signo $\geq$ se convierte en $>$, culminando así la demostración.

Problema 3

Resulta evidente que la respuesta $R \in \{sí, no\}$ a una pregunta del tipo "¿Está x en el conjunto S?". Decimos que R es inconsistente con un número i si $R = sí$ e $i \notin S$, o si $R = no$ e $i \in S$. Notamos que una respuesta inconsistente con un número objetivo x es una mentira.

(a) Supongamos que B ha determinado un conjunto T de tamaño m que contiene a x. Esto es verdad inicialmente con $m = N$ y $T = \{1, 2, \dots, N\}$. Para $m > 2^k$ probaremos como B puede hallar un número $y \in T$ el cual es diferente de x. Realizando este paso repetidamente, B puede reducir T a un tamaño de $2^k \leq n$ y así ganar.

Puesto que el tamaño $m > 2^k$ de T es relevante, asumimos que $T = \{0, 1, \dots, 2^k, \dots, m-1\}$. El jugador B comienza preguntando repetidamente si es que B es 2^k. Si el jugador A responde no $k+1$ veces consecutivas, una de estas respuestas como mínimo es verdadera, y así $x \neq 2^k$. De lo contrario el jugador B para de preguntar alrededor de 2^k en la primera respuesta $sí$. Luego B pregunta para cada $i = 1, \dots, k$ si la representación binaria de x tiene un 0 en el i-esimo digito. Sin importar cuáles son las k respuestas, todas ellas son inconsistentes con un cierto número $y \in \{0, 1, \dots, 2^k - 1\}$. La respuesta precedente $sí$ alrededor de 2^k es también inconsistente con y. Por lo tanto $y \neq x$, de lo contrario las últimas $k + 1$ respuestas no son verdaderas, lo cual es imposible. De cualquier modo, el jugador B halla un número en T el cual es diferente de x. De esta manera queda demostrado este apartado.

(b) Probaremos que si $1 < \delta < 2$ y $n = \lfloor (2 - \delta)\delta^{k+1} \rfloor - 1$, luego el jugador B no puede garantizar una victoria. Para completar la prueba será suficiente elegir un δ tal que $1.99 < \delta < 2$ y un k sufientemente grande, de modo que

$$n = \lfloor (2 - \delta)\delta^{k+1} \rfloor - 1 \geq 1.99^k$$

73

Consideremos la siguiente estrategia para el jugador A. El cual elige en forma arbitraria $N = n + 1$ y $x \in \{1, 2, \ldots, n + 1\}$. Después de cada respuesta brindada, el jugador A determina para cada $i = 1, 2, \ldots, n + 1$, los números m_i de respuestas consecutivas que ha dado y que son inconsistentes con i. Para decidir su siguiente respuesta, el jugador A usa la cantidad,

$$\psi = \sum_{i=1}^{n+1} \delta^{m_i}.$$

No importa cuál sea la siguiente pregunta del jugador B, el jugador A elige la respuesta que minimiza ψ.

Afirmamos que con esta estrategia, ψ siempre permanecerá menor que δ^{k+1}. Consecuentemente, ningún exponente m_i en ψ excederá k, luego el jugador A nunca dará más de k respuestas consecutivas inconsistentes con i. En particular, esto se aplica al número objetivo x, así el jugador A nunca mentirá más de k veces seguidas, y por tanto la estrategia del jugador A es legal. Puesto que la estrategia no depende de x en modo alguno, el jugador B no puede hacer deducciones sobre x y por consiguiente no puede garantizar una victoria.

Queda por demostrar que $\psi < \delta^{k+1}$ en todo momento. Inicialmente cada m_i es 0, así que esta condición satisface al comienzo ya que $1 < \delta < 2$ y $n = \lfloor (2 - \delta)\delta^{k+1} \rfloor - 1$. Supóngase que $\psi < \delta^{k+1}$ en algún punto y el jugador B acaba de preguntar si $x \in S$ para algún conjunto S. Según el jugador A responda sí o no, el nuevo valor de ψ se convierte en

$$\psi_1 = \sum_{i \in S} 1 + \sum_{i \notin S} \delta^{m_i+1} \qquad \text{o} \qquad \psi_2 = \sum_{i \in S} \delta^{m_i+1} + \sum_{i \notin S} 1.$$

Puesto que el jugador A elige como opción la de minimizar ψ, el nuevo valor de ψ será igual al $\min(\psi_1, \psi_2)$. Luego, tenemos que

$$\min(\psi_1, \psi_2) \leq \frac{\psi_1 + \psi_2}{2} = \frac{1}{2}\left(\sum_{i \in S}(1 + \delta^{m_i+1}) + \sum_{i \notin S}(\delta^{m_i+1} + 1) \right) = \frac{\delta\psi + n + 1}{2}.$$

Ya que $\psi < \delta^{k+1}$, las asunciones que $\delta < 2$ y $n = \lfloor (2 - \delta)\delta^{k+1} \rfloor - 1$ conducen a que

$$\min(\psi_1, \psi_2) < \frac{\delta^{k+2} + (2 - \delta)\delta^{k+1}}{2} = \delta^{k+1}.$$

Lo cual termina por completar la demostración.

Problema 4

Sustituyendo $a = b = c = 0$ en la expresión original resulta que,

$$f(0) = 0. \tag{1}$$

Ahora sustituyendo $b = -a$ y $c = 0$ en la expresión original nos da,

$$f(a) = f(-a), \qquad \forall\, a \in \mathbb{Z}. \tag{2}$$

Y por lo tanto f es una función par. Asimismo, colocando $b = a$ y $c = -2a$ se alcanza que $\left(f(2a)\right)^2 = 4f(a)f(2a)$. Luego,

$$f(2a) = 0 \qquad \text{o} \qquad f(2a) = 4f(a), \qquad \forall\, a \in \mathbb{Z}. \tag{3}$$

Si $f(r) = 0$ para algún $r \geq 1$ entonces la sustitución $b = r$ y $c = -a - r$ en la ecuación funcional inicial nos da

$$f(a + r) = f(a) \qquad , \qquad \forall\, a \in \mathbb{Z}.$$

Luego f es una función periódica con periodo r. En particular, si $f(1) = 0$ luego la función f es constante, así $f(a) = 0$ para todo $a \in \mathbb{Z}$, satisfaciendo la ecuación funcional. Para el análisis restante asumiremos $f(1) = k \neq 0$.

De (3) tenemos que $f(2) = 0$ o $f(2) = 4k$. Si $f(2) = 0$ luego f es una función periódica de periodo 2, así $f(par) = 0$ y $f(impar) = k$. Esta función es una solución para cada k, cuya comprobación la haremos posteriormente. En lo que sigue se asume $f(2) = 4k \neq 0$.

De (3) de nuevo tenemos que $f(4) = 0$ o $f(4) = 16k$. En el primer caso f es periódica de periodo 4, y $f(3) = f(-1) = f(1) = k$, luego $f(4n) = 0$, $f(4n + 1) = f(4n + 3) = k$ y $f(4n + 2) = 4k$ para todo $n \in \mathbb{Z}$. Esta función también es una solución, la cual se justificará después. Para el análisis restante se asume $f(4) = 16k \neq 0$.

Probamos ahora que $f(3) = 9k$. Para este fin hacemos las siguientes sustituciones,

$$a = 1, b = 2, c = -3 \implies f(3)^2 - 10kf(3) + 9k^2 = 0 \implies f(3) \in \{k, 9k\},$$

$$a = 1, b = 3, c = -4 \implies f(3)^2 - 34kf(3) + 225k^2 = 0 \implies f(3) \in \{9k, 25k\}.$$

Por lo tanto $f(3) = 9k$. Probamos ahora inductivamente que la única función restante es $f(x) = kx^2$, $x \in \mathbb{Z}$. La cual se ha probado para $x = 0, 1, 2, 3, 4$.

Asumimos que $n \geq 4$ y que $f(x) = kx^2$ se cumplen para todos los enteros $x \in [0, n]$. Luego, las sustituciones $a = n, b = 1, c = -n - 1$ y $a = n - 1, b = 2, c = -n - 1$ conducen a $f(n + 1) \in \{k(n + 1)^2, k(n - 1)^2\}$ y $f(n + 1) \in \{k(n + 1)^2, k(n - 3)^2\}$ respectivamente.

Puesto que $k(n - 1)^2 \neq k(n - 3)^2$ para $n \neq 2$, la única posibilidad es que $f(n + 1) = k(n + 1)^2$. Esto completa la inducción, entonces $f(x) = kx^2$ para todo $x \geq 0$. La misma expresión es válida para valores negativos de x ya que f es par. Para verificar que $f(x) = kx^2$ es una solución, es necesario verificar la identidad $a^4 + b^4 + (a + b)^4 = 2a^2b^2 + 2a^2(a + b)^2 + 2b^2(a + b)^2$ lo cual sigue de la expansión directa de ambos miembros.

Por lo tanto las únicas soluciones posibles de la ecuación funcional son la función constante $f_1(x) = 0$ así como las funciones siguientes,

$$f_2(x) = kx^2 \qquad f_3(x) = \begin{cases} 0, si\ x\ es\ par \\ k, si\ x\ es\ impar \end{cases} \qquad f_4(x) = \begin{cases} 0, & si\ x \equiv 0\ (\mathrm{mod}\ 4) \\ k, & si\ x \equiv 1\ (\mathrm{mod}\ 2) \\ 4k, & si\ x \equiv 2\ (\mathrm{mod}\ 4) \end{cases}$$

para cualquier k entero diferente de cero. La verificación que son en realidad soluciones fue realizada para las primeras dos funciones. Para f_3 notamos que si $a + b + c = 0$ luego o a, b, c son todos pares y $f(a) = f(b) = f(c) = 0$, o uno de ellos es par y los otros dos son impares, de forma que ambos lados de la ecuación funcional es igual a $2k^2$. Para f_4 usamos la misma consideración anterior así como la simetría de la ecuación, lo cual se reduce a la verificación de las ternas $(0, k, k)$, $(4k, k, k)$, $(0, 0, 0)$, $(0, 4k, 4k)$, las que satisfacen la ecuación.

Problema 5

Sea el punto E la reflexión de C con respecto a AB, y sea ω_1 y ω_2 las circunferencias con centros en A y B que pasan por L y K, respectivamente. Ya que $AE = AC = AL$ y $BE = BC = BK$, tanto ω_1 como ω_2 pasan por C y E. Y como $\angle BCA = 90°$ luego AC es tangente a ω_2 en C, y BC es tangente a ω_1 también en C. Sea $K_1 \neq K$ la segunda intersección de AX y ω_2, y sea $L_1 \neq L$ la segunda intersección de BX y ω_1.

Determinando las potencias de X con respecto a ω_1 y ω_2, tenemos

$$XC \cdot XE = XK \cdot XK_1 = XL \cdot XL_1,$$

en consecuencia los puntos K_1, L, K y L_1 están sobre la circunferencia ω_3.

Determinando la potencia de A con respecto a ω_2 nos da que

$$AC^2 = AK \cdot AK_1 = AL^2,$$

de lo cual se deduce que AL es tangente a ω_3 en L. Similarmente, BK es tangente a ω_3 en K. Por lo tanto MK y ML son dos tangentes de M a ω_3 y entonces $MK = ML$.

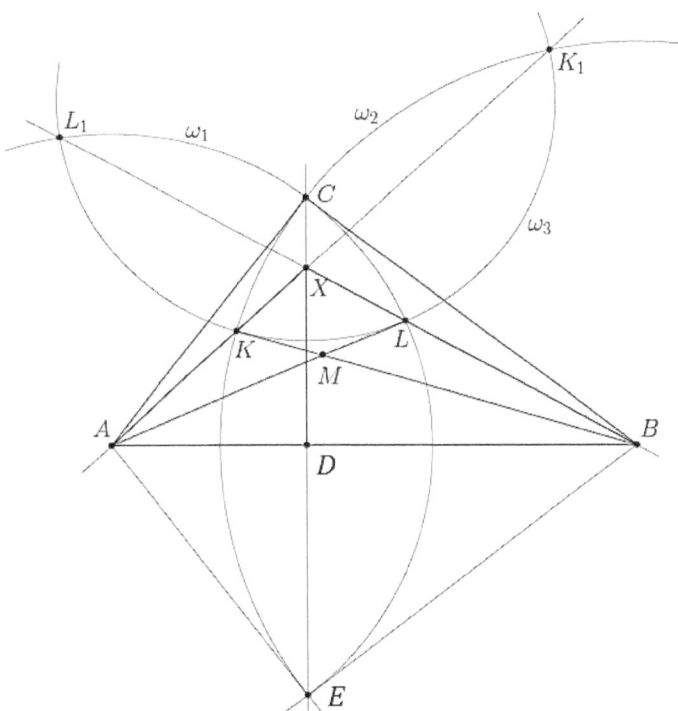

Problema 6

Sea $\sum_{k=1}^{n} \frac{k}{3^{a_k}} = 1$ con $a_1, a_2, \ldots, a_n$ enteros no negativos. Luego $1 \cdot x_1 + 2 \cdot x_2 + \cdots + n \cdot x_n = 3^a$ con $x_1, x_2, \ldots, x_n$ potencias de 3 y $a \geq 0$. El lado derecho de la expresión es impar mientras que el lado izquierdo posee la misma paridad que $1 + 2 + \cdots + n$. Por lo tanto, la última suma es impar, lo cual implica que $n \equiv 1, 2 \pmod 4$.

Ahora se probará lo contrario. Decimos que una sucesión $b_1, b_2, \ldots, b_n$ es *factible* si existen enteros no negativos $a_1, a_2, \ldots, a_n$ tal que

$$\frac{1}{2^{a_1}} + \frac{1}{2^{a_2}} + \cdots + \frac{1}{2^{a_n}} = \frac{b_1}{3^{a_1}} + \frac{b_2}{3^{a_2}} + \cdots + \frac{b_n}{3^{a_n}} = 1.$$

Sea b_k un término de la sucesión factible $b_1, b_2, \ldots, b_n$ con exponentes $a_1, a_2, \ldots, a_n$ como arriba, y sean u, v enteros no negativos con suma igual a $3b_k$. Notamos que,

$$\frac{1}{2^{a_k+1}} + \frac{1}{2^{a_k+1}} = \frac{1}{2^{a_k}} \qquad y \qquad \frac{u}{3^{a_k+1}} + \frac{v}{3^{a_k+1}} = \frac{b_k}{3^{a_k}}.$$

Luego, tenemos que la sucesión $b_1, \ldots, b_{k-1}, u, v, b_{k+1}, \ldots, b_n$ es factible. Los exponentes a_i son los mismos para los términos inalterados b_i donde $i \neq k$, y los nuevos términos u, v tienen exponentes $a_k + 1$.

Aseverando la conclusión a la inversa. Si dos términos u, v de una sucesión son reemplazados por un término $(u + v)/3$ y la sucesión obtenida es factible, luego la sucesión original es factible también. Denotemos con α_n la sucesión $1, 2, \ldots, n$. Para probar que α_n es factible para $n \equiv 1, 2 \pmod 4$, lo transformamos mediante $n - 1$ sustituciones $\{u, v\} \mapsto (u + v)/3$ a la sucesión de un término α_1. Lo último es factible con $a_1 = 0$. Notar que si m y $2m$ son términos de una sucesión luego $\{m, 2m\} \mapsto m$, de modo que $2m$ puede ser ignorado si es necesario.

Asumiendo $n \geq 16$, probaremos que α_n puede ser reducido a α_{n-12} mediante 12 operaciones. Hagamos $n = 12k + r$ donde $k \geq 1$ y $0 \leq r \leq 11$. Si $0 \leq r \leq 5$ luego los últimos 12 términos de α_n puede ser dividido en 2 singletones $\{12k - 6\}, \{12k\}$ y los siguientes 5 pares $\{12k - 6 - i, 12k - 6 + i\}$, $i = 1, \ldots, 5 - r$; $\{12k - j, 12k + j\}$, $j = 1, \ldots, r$ (Existe un único tipo de pares si $r \in \{0, 5\}$). Se puede ignorar $12k - 6$ y $12k$ puesto que α_n contiene a $6k - 3$ y $6k$. Además, las 5 operaciones $\{12k - 6 - i, 12k - 6 + i\} \mapsto 8k - 4$ y $\{12k - j, 12k + j\} \mapsto 8k$ retira los 10 términos en los pares y los transforma en 5 nuevos términos iguales a $8k - 4$ o $8k$. Asimismo, todos ellos pueden ser ignorados ya que $4k - 2$ y $4k$ están todavía presentes en la sucesión. En efecto, $4k \leq n - 12$ es equivalente a $8k \geq 12 - r$, lo cual es verdad para $r \in \{4, 5\}$. Y si $r \in \{0, 1, 2, 3\}$ luego $n \geq 16$ implica que $k \geq 2$, por lo tanto $8k \geq 12 - r$ también satisface. Así α_n se reduce a α_{n-12}.

Si $6 \leq r \leq 11$ es similar. Consideremos los singletones $\{12k\}$, $\{12k + 6\}$ y los 5 pares $\{12k - i, 12k + i\}$, $i = 1, \ldots, 11 - r$; $\{12k - 6 - j, 12k - 6 + j\}$, $j =$

$1, \dots, r - 6$. Ignorando los singletones como antes y quitando los pares mediante operaciones $\{12k - i, 12k + i\} \longmapsto 8k$ y $\{12k - 6 - j, 12k - 6 + j\} \longmapsto 8k + 4$. Los 5 nuevos términos $8k$ y $8k + 4$ pueden ser ignorados también puesto que $4k + 2 \leq n - 12$ (ya que $k \geq 1$ y $r \geq 6$); obteniéndose otra vez α_{n-12}.

El problema se reduce a $2 \leq n \leq 15$. En efecto $n \in \{2, 5, 6, 9, 10, 13, 14\}$ ya que $n \equiv 1, 2 \pmod 4$. Los casos $n = 2, 6, 10, 14$ se reduce a $n = 1, 5, 9, 13$ respectivamente en vista que el último término par de α_n puede ser ignorado. Para $n = 5$ se aplica $\{4, 5\} \longmapsto 3$, entonces $\{3, 3\} \longmapsto 2$, por lo tanto ignore las 2 ocurrencias de 2. Para $n = 9$ se ignora 6 primero, luego se aplica $\{5, 7\} \longmapsto 4$, $\{4, 8\} \longmapsto 4$, $\{3, 9\} \longmapsto 4$. Ahora, ignore las 3 ocurrencias de 4, en consecuencia se ignora 2. Finalmente, $n = 13$ se reduce a $n = 10$ ya que $\{11, 13\} \longmapsto 8$ e ignorando 8 y 12, se completa la demostración.

En conclusión, afirmamos que los números $a_1, a_2, \dots, a_n$ existen si y solo sí los valores de n resultan enteros positivos congruentes a 1 $(\bmod\ 4)$ o 2 $(\bmod\ 4)$.

IMO 2013

54° Olimpiada Internacional de Matemáticas

Santa Marta – Colombia

IMO 2013

54° Olimpiada Internacional de Matemáticas

Santa Marta, Colombia

18 – 28 de Julio, 2013[*].

Problema 1 (Por Japón)

Probar que para cualquier par de enteros positivos k y n, existen k enteros positivos $m_1, m_2, \ldots, m_k$ (no necesariamente diferentes) tal que

$$1 + \frac{2^k - 1}{n} = \left(1 + \frac{1}{m_1}\right)\left(1 + \frac{1}{m_2}\right) \ldots \left(1 + \frac{1}{m_k}\right)$$

Problema 2 (Por Ivan Guo, Australia)

En una configuración de 4027 puntos del plano, donde 2013 son rojos y 2014 azules, de modo que no hay tres de ellos que sean colineales, se llama *colombiana*. Después de trazarse algunas rectas, el plano queda dividido en varias regiones. Una colección de rectas es *buena* si para una configuración colombiana se cumple las siguientes condiciones:

• ninguna recta pasa por ningún punto de la configuración;
• ninguna región contiene puntos de ambos colores.

Hallar el mínimo valor de k tal que para cualquier configuración colombiana de 4027 puntos, exista una colección buena de k rectas.

Problema 3 (Por Alexander A. Polyansky, Rusia)

[*] El Primer día de competición se realizó el 23 de Julio (Problemas del 1 al 3), mientras que el Segundo día de competición se llevó a cabo el 24 de Julio (Problemas del 4 al 6).

Asumamos que el excírculo del triángulo ABC opuesto al vértice A es tangente al lado BC en el punto A_1. Análogamente, se definen los puntos B_1 en CA y C_1 en AB, considerando los excírculos opuestos a B y C respectivamente. Asimismo, asumamos que el circuncentro del triángulo $A_1 B_1 C_1$ se halla sobre la circunferencia que pasa por los vértices A, B y C. Probar que el triángulo ABC es rectángulo.

(El excírculo del triángulo ABC opuesto al vértice A es la circunferencia que es tangente al lado BC, y a la prolongación del lado AB más allá de B, y a la prolongación del lado AC más allá de C. Similarmente se definen los excírculos opuestos a los vértices B y C)

Problema 4 (Por W. Suksompong y P. Suteparuk, Tailandia)

Sea ABC un triángulo acutángulo con ortocentro H, y sea W un punto sobre el lado BC, situado entre B y C. Los puntos M y N son los pies de las alturas trazadas desde B y C, respectivamente. Se denota con ω_1 la circunferencia circunscrita al triángulo BWN, y con X al punto de ω_1 tal que WX es un diámetro de ω_1. En forma similar, se denota con ω_2 la circunferencia circunscrita al triángulo CWM, y con Y al punto de ω_2 tal que WY es un diámetro de ω_2. Probar que los puntos X, Y y H son colineales.

Problema 5 (Por Nikolai Nikolov, Bulgaria)

Sea $\mathbb{Q}_{>0}$ el conjunto de los números racionales mayores a cero. Y sea $f :$ $\mathbb{Q}_{>0} \to \mathbb{R}$ una función que satisface las siguientes condiciones:

(i) para todo $x, y \in \mathbb{Q}_{>0}$, $f(x)f(y) \geq f(xy)$;
(ii) para todo $x, y \in \mathbb{Q}_{>0}$, $f(x + y) \geq f(x) + f(y)$;
(iii) existe un número racional $a > 1$ tal que $f(a) = a$.

Probar que $f(x) = x$ para todo $x \in \mathbb{Q}_{>0}$.

Problema 6 (Por A. S. Golovanov y M. A. Ivanov, Rusia)

Sea n un número entero tal que $n \geq 3$. Consideremos ahora una circunferencia en donde se han marcado $n + 1$ puntos igualmente espaciados. Cada punto se etiqueta con uno de los números $0, 1, \ldots, n$ de manera que cada número sea usado exactamente una vez. Dos etiquetados se consideran el mismo, si uno de ellos se puede obtener del otro por una rotación de la circunferencia. Un etiquetado se llama *bonito*, si para cualesquiera cuatro etiquetas $a < b < c < d$ con $a + d = b + c$, la cuerda que une los puntos etiquetados con a y d no corta la cuerda que une los puntos etiquetados con b y c.

Sea M el número de etiquetados bonitos y N el número de pares ordenados (x, y) de enteros positivos tales que $x + y \leq n$ y mcd $(x, y) = 1$. Probar que $M = N + 1$.

Solucionario de Problemas
IMO 2013
Santa Marta, Colombia

Solucionario IMO 2013 - Santa Marta, Colombia.

Problema 1

Primera Solución

Procederemos aplicando el método de inducción. Para $k = 1$ la verificación es inmediata. Asumiendo que se cumple para $k = p - 1$, se probará que se cumple también para $k = p$.

Caso 1. *Cuando n es impar o $n = 2q - 1$ para $q \in \mathbb{Z}^+$.*
Tenemos que

$$1 + \frac{2^p - 1}{2q - 1} = \frac{2(q + 2^{p-1} - 1)}{2q} \cdot \frac{2q}{2q - 1} = \left(1 + \frac{2^{p-1} - 1}{q}\right)\left(1 + \frac{1}{2q - 1}\right).$$

Por la hipótesis de inducción se puede determinar $m_1, \dots, m_{p-1}$ tal que

$$1 + \frac{2^{p-1} - 1}{q} = \left(1 + \frac{1}{m_1}\right)\left(1 + \frac{1}{m_2}\right)\dots\left(1 + \frac{1}{m_{p-1}}\right),$$

así colocando $m_p = 2q - 1$ se obtiene la expresión deseada.

Caso 2. *Cuando n es par o $n = 2q$ para $q \in \mathbb{Z}^+$.*
Tenemos que

$$1 + \frac{2^p - 1}{2q} = \frac{2q + 2^p - 1}{2q + 2^p - 2} \cdot \frac{2q + 2^p - 2}{2q} = \left(1 + \frac{1}{2q + 2^p - 2}\right)\left(1 + \frac{2^{p-1} - 1}{q}\right),$$

y notando que $2q + 2^p - 2 > 0$, tenemos de nuevo que

$$1 + \frac{2^{p-1} - 1}{q} = \left(1 + \frac{1}{m_1}\right)\left(1 + \frac{1}{m_2}\right)\dots\left(1 + \frac{1}{m_{p-1}}\right).$$

donde $m_p = 2q + 2^p - 2$, obteniendo así la expresión buscada. Finalizando de esta manera la demostración.

Segunda Solución

Considerando las expansiones de potencias de 2, de los residuos de $n - 1$ y $-n$ en módulo 2^k,

$$n - 1 \equiv 2^{a_1} + 2^{a_2} + \cdots + 2^{a_r} \pmod{2^k} \quad \text{donde } 0 \leq a_1 < a_2 < \cdots < a_r \leq k - 1,$$

$$-n \equiv 2^{b_1} + 2^{b_2} + \cdots + 2^{b_s} \pmod{2^k} \quad \text{donde } 0 \le b_1 < b_2 < \cdots < b_s \le k-1.$$

Puesto que $-1 \equiv 2^0 + 2^1 + \cdots + 2^{k-1} \pmod{2^k}$ tenemos que $\{a_1, \ldots, a_r\} \cup \{b_1, \ldots, b_s\} = \{0, 1, \ldots, k-1\}$ y $r + s = k$. Asimismo, podemos escribir

$$A_p = 2^{a_p} + 2^{a_{p+1}} + \cdots + 2^{a_r} \quad \text{donde } 1 \le p \le r,$$

$$B_q = 2^{b_1} + 2^{b_2} + \cdots + 2^{b_q} \quad \text{donde } 1 \le q \le s.$$

Colocamos también $A_{r+1} = B_0 = 0$. Se observa que $A_1 + B_s = 2^k - 1$ y $n + B_s \equiv 0 \pmod{2^k}$. Luego, tenemos que

$$1 + \frac{2^k - 1}{n} = \frac{n + A_1 + B_s}{n + B_s} \cdot \frac{n + B_s}{n} = \prod_{p=1}^{r} \frac{n + A_p + B_s}{n + A_{p+1} + B_s} \cdot \prod_{q=1}^{s} \frac{n + B_q}{n + B_{q-1}} = \cdots$$

$$= \prod_{p=1}^{r} \left(1 + \frac{2^{a_p}}{n + A_{p+1} + B_s}\right) \cdot \prod_{q=1}^{s} \left(1 + \frac{2^{b_q}}{n + B_{q-1}}\right)$$

Ahora, definimos que

$$m_p = \frac{n + A_{p+1} + B_s}{2^{a_p}}, \quad 1 \le p \le r \quad \text{y} \quad m_{r+q} = \frac{n + B_{q-1}}{2^{b_q}}, \quad 1 \le q \le s$$

Verificándose la igualdad buscada. A continuación, comprobaremos que cada valor m_i es un entero. Tenemos que $n + A_{p+1} + B_s \equiv n + B_s \equiv 0 \pmod{2^{a_p}}$ y también $n + B_{q-1} \equiv n + B_s \equiv 0 \pmod{2^{b_q}}$. Finalizando así la demostración.

Problema 2

Primera Solución

En primer lugar, probaremos que $k \ge 2013$. Luego, marcamos 2013 puntos rojos y 2013 puntos azules en forma alternada sobre una circunferencia, y marquemos un punto azul adicional en alguna parte del plano. En consecuencia, la circunferencia se encuentra así dividida en 4026 arcos, teniendo cada arco sus extremos de colores diferentes. Por lo tanto, si el objetivo es logrado, luego cada arco debería intersectar algunas de las rectas trazadas. Ya que cualquier recta trazada intersecta como mucho dos puntos de la circunferencia entonces se necesita al menos de $4026/2 = 2013$ rectas.

Ahora probaremos que 2013 líneas son suficientes para alcanzar el objetivo. Sean dos puntos A y B que tienen el mismo color, se puede trazar dos rectas que separan estos puntos de los demás. Para esto es suficiente trazar dos rectas paralelas a AB que se ubiquen a uno y otro lado de AB muy cerca de éste, de modo que los únicos puntos entre estas rectas sean A y B.

Sea P una poligonal convexa de todos los puntos marcados. Teniéndose entonces las siguientes posibilidades,

1) Supongamos que la poligonal P tiene un vértice rojo. Luego, se puede trazar una recta que separe este vértice de los demás puntos, asimismo los 2012 puntos rojos restantes los dividimos en 1006 pares. Finalmente, separamos cada uno de estos pares de los demás puntos por medio de dos rectas (como se indica más arriba), y por lo tanto emplearemos 2013 rectas.

2) Supongamos ahora que la poligonal P tiene todos sus vértices azules y consideremos dos vértices consecutivos cualesquiera P y Q. Se separa este par de puntos mediante el trazado de una recta paralela a PQ. Luego, como en el caso anterior, dividimos los 2012 puntos azules restantes en 1006 pares; necesitándose también 2013 rectas para cumplir lo requerido.

Comentario

En lugar de considerar una poligonal convexa, se puede trazar una línea que contenga dos puntos marcados tal que los demás puntos se encuentren al otro lado de la línea. Luego, si uno de los puntos del par elegido es rojo procedemos como en el primer caso, en cambio si ambos son azules procedemos como en el segundo caso.

Segunda Solución

Una manera mucho más interesante de resolverlo es demostrando un enunciado más general:

Dado n puntos en el plano donde no hay tres de ellos que sean colineales, son marcados de rojo y azul arbitrariamente; luego será suficiente trazar $\lfloor n/2 \rfloor$ rectas para lograr el objetivo.

Aplicando el método de inducción tenemos que si $n \leq 2$ el enunciado es evidente. Supongamos ahora que $n \geq 3$, y consideremos una línea ℓ que contiene dos puntos marcados P y Q tal que los demás puntos marcados se encuentran del otro lado de ℓ.

Quitemos por un momento los puntos P y Q. Por la hipótesis de inducción, será suficiente trazar $\lfloor n/2 \rfloor - 1$ rectas en la configuración restante para alcanzar el objetivo. Colocando de nuevo los puntos P y Q, se presentan los siguientes casos,

1) Si P y Q tienen el mismo color, luego se puede trazar una línea paralela a ℓ y separar P y Q de los demás puntos. Evidentemente $\lfloor n/2 \rfloor$ rectas son requeridas.

2) Si P y Q tienen colores distintos, pero separados por alguna recta trazada; luego la misma línea paralela a ℓ funciona.

3) Asumimos que P y Q tienen colores diferentes y se encuentran en una de las regiones definidas por las líneas trazadas. Por hipótesis de inducción, esta región contiene solo puntos de uno de los colores; y sea azul el punto que está contenido en esta región. Luego, será suficiente trazar una recta que separa el punto azul de los demás. De esta manera la prueba por inducción queda completada.

Problema 3

Sean Ω y Γ las circunferencias circunscritas de los triángulos ABC y $A_1B_1C_1$, respectivamente. Y sea A_0 el punto medio del arco BC (que contiene a A) de Ω; en forma análoga definamos B_0 así como C_0. Por hipótesis el centro Q de la circunferencia Γ se encuentra sobre Ω.

Lema. *Se cumple que $A_0B_1 = A_0C_1$. Además, los puntos A, A_0, B_1 y C_1 son concíclicos. Finalmente, los puntos A y A_0 se encuentran en el mismo lado de B_1C_1. El enunciado se verifica en forma similar para B y C.*

Demostración. Consideremos el caso cuando $A = A_0$. Luego, el triángulo ABC es isósceles donde $AB = AC$, lo cual implica que $AB_1 = AC_1$; mientras que las afirmaciones restantes del Lema resultan evidentes.
Supongamos ahora $A \neq A_0$. Por definición sabemos que $A_0B = A_0C$. Es fácil notar que $BC_1 = CB_1$, asimismo tenemos que $\angle C_1BA_0 = \angle ABA_0 = \angle ACA_0 = \angle B_1CA_0$. Luego, los triángulos A_0BC_1 y A_0CB_1 son congruentes, lo que implica que $A_0C_1 = A_0B_1$. Probándose así la primera parte del Lema. Además, ya que C_1 y B_1 son los vértices correspondientes de los triángulos congruentes A_0BC_1 y A_0CB_1 luego $\angle A_0C_1A = \angle A_0B_1A$. Por lo tanto los puntos A, A_0, B_1 y C_1 son los vértices del cuadrilátero cíclico $AA_0B_1C_1$. ∎

Resulta evidente que los puntos A_1, B_1 y C_1 se encuentran abarcando un arco $\widehat{A_1 B_1 C_1}$ menor al de una semicircunferencia en Γ, de modo que el triángulo $A_1 B_1 C_1$ es obtusángulo, estando el ángulo obtuso en B_1. Asimismo, los puntos Q y B_1 se encuentran a uno y otro lado de la línea $A_1 C_1$, y se verifica lo mismo para los puntos B y B_1.

Notamos que la mediatriz de $A_1 C_1$ intersecta a Ω en dos puntos que se sitúan en lados opuestos de $A_1 C_1$. Por el primer enunciado del Lema, tanto el punto B_0 y Q están entre estos puntos de intersección; y ya que se encuentran a un mismo lado de $A_1 C_1$, luego tienen que coincidir (Ver Figura 1).

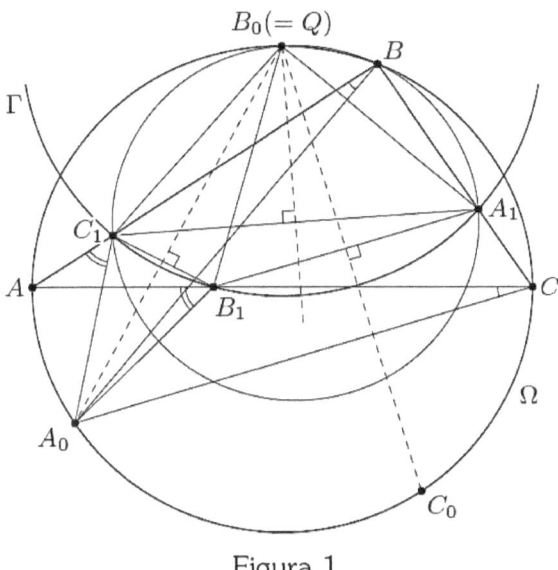

Figura 1

Nuevamente por la primera parte del Lema, las líneas QA_0 y QC_0 (A_0 y C_0 son puntos medios de los arcos CB y BA respectivamente) son las mediatrices de $B_1 C_1$ y $A_1 B_1$ respectivamente. Luego,

$$\angle C_1 B_0 A_1 = \angle C_1 B_0 B_1 + \angle B_1 B_0 A_1 = 2 \angle A_0 B_0 B_1 + 2\angle B_1 B_0 C_0 = 2 \angle A_0 B_0 C_0$$

$$= 180° - \angle ABC$$

De otro lado, por la segunda parte del Lema se alcanza que

$$\angle C_1 B_0 A_1 = \angle C_1 B A_1 = \angle ABC.$$

91

Al relacionar las últimas dos ecuaciones obtenemos que $\angle ABC = 90°$, demostrando así lo requerido.

Problema 4

Sea L el pie de la altura trazada desde A, y sea Z el segundo punto de intersección de las circunferencias ω_1 y ω_2 además de W. Ya que $\angle BNC = \angle BMC = 90°$, los puntos B, C, M y N son concíclicos y pertenecen a la circunferencia ω_3. Observemos que la línea WZ es el eje radical de ω_1 y ω_2; en forma similar, BN es el eje radical de ω_1 y ω_3, y CM es el eje radical de ω_2 y ω_3. Por lo tanto, A es el centro radical de las tres circunferencias y WZ pasa por A. Ya que WX y WY son diámetros de ω_1 y ω_2 respectivamente, tenemos que $\angle WZX = \angle WZY = 90°$, de manera que los puntos X y Y son colineales a Z, siendo $XY \perp WZ$.

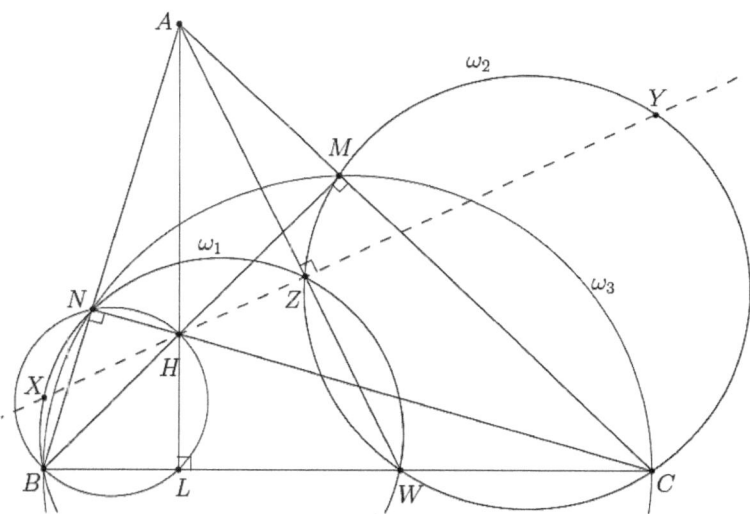

Asimismo, ya que $\angle HNB + \angle BLH = 180°$ luego el cuadrilátero $BLHN$ es cíclico. Al determinar la potencia de A con respecto a la circunferencias ω_1 y $BLHN$ tenemos que $AL \cdot AH = AB \cdot AN = AW \cdot AZ$. Si H está sobre la línea AW, implica que $H = Z$ inmediatamente. De lo contrario, ya que $\frac{AZ}{AH} = \frac{AL}{AW}$ los triángulos $AHZ = AWL$ son semejantes. Luego, $\angle HZA = \angle WLA = 90°$, de manera que el punto H también se encuentra sobre la línea XYZ.

Problema 5

Sea $\mathbb{Z}_{>0}$ el conjunto de enteros positivos. Poniendo $x = 1$ y $y = a$ en (i) luego $f(1) \geq 1$. Aplicando el método de inducción en (ii) obtenemos que

$$f(nx) \geq nf(x) , \qquad \forall\, n \in \mathbb{Z}_{>0} \text{ y } x \in \mathbb{Q}_{>0} \qquad (iii)$$

Para $x = 1$ la expresión anterior resulta como,

$$f(n) \geq nf(1) \geq n , \forall\, n \in \mathbb{Z}_{>0} \qquad (iv)$$

De (i) obtenemos también que $f(m/n) \cdot f(n) \geq f(m)$; luego $f(q) > 0, \forall\, q \in \mathbb{Q}_{>0}$. Ahora bien, la expresión (ii) implica que f es estrictamente creciente; y teniendo en cuenta la desigualdad (iv) se alcanza que

$$f(x) \geq f(\lfloor x \rfloor) \geq \lfloor x \rfloor > x - 1, \qquad \forall\, x \geq 1.$$

Por simple inducción obtenemos de (i) que $\left(f(x)\right)^n \geq f(x^n)$, entonces

$$\left(f(x)\right)^n \geq f(x^n) > x^n - 1 \Rightarrow f(x) \geq \sqrt[n]{x^n - 1}, \forall\, x > 1 \text{ y } n \in \mathbb{Z}_{>0}.$$

Se infiere que

$$f(x) \geq x, \qquad \forall\, x > 1 \qquad (v)$$

Asimismo, si $x > y > 1$ luego $x^n - y^n = (x - y)(x^{n-1} + x^{n-2}y + \cdots + y^{n-1}) > n(x - y)$, así para un valor de n grande tenemos que $x^n - 1 > y^n$ y por tanto $f(x) > y$. Ahora bien, de (i) y (v) tenemos que $a^n = \left(f(a)\right)^n \geq f(a^n) \geq a^n$. Y para $x > 1$ elegimos $n \in \mathbb{Z}_{>0}$ tal que $a^n - x > 1$. Luego, de (ii) y (v) nos da

$$a^n = f(a^n) \geq f(x) + f(a^n - x) \geq x + (a^n - x) = a^n$$

y por lo tanto $f(x) = x$ para $x > 1$. Finalmente, para todo $x \in \mathbb{Q}_{>0}$ y $n \in \mathbb{Z}_{>0}$. Luego, de (i) y (iii) se alcanza que

$$nf(x) = f(n) \cdot f(x) \geq f(nx) \geq nf(x).$$

De lo cual se infiere que $f(nx) = nf(x)$. En consecuencia, $f(m/n) = f(m)/n = m/n$ para todo $m, n \in \mathbb{Z}_{>0}$. Culminando así la demostración.

Comentario

Importante notar que la condición del problema $f(a) = a > 1$ es esencial. Ya que por ejemplo la función $f(x) = bx^2$ para $b \geq 1$, satisface (i) y (ii) para todo $x \in \mathbb{Q}_{>0}$.

Problema 6

Dado un arreglo circular de $[0, n] = \{0, 1, \ldots, n\}$, definimos como *cuerda-k* a la cuerda (posiblemente degenerada) cuyos extremos (posiblemente iguales) suman k. Decimos que tres cuerdas de una circunferencia están *alineadas* si una de ellas separa a las otras dos. Asimismo, diremos que m cuerdas ($m \geq 3$) están alineadas si tres cuerdas cualesquiera están alineadas. Así tenemos en la Figura 1 que las cuerdas A, B y C están alineadas, mientras que las cuerdas B, C y D no lo están.

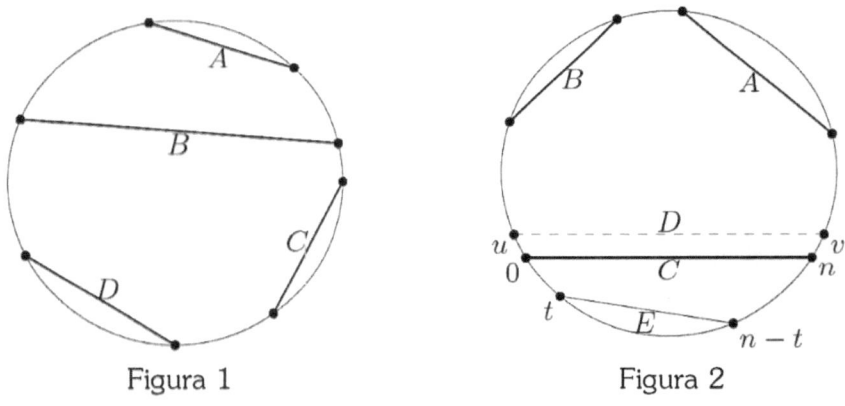

Figura 1   Figura 2

Lema. *En un arreglo bonito, las cuerdas - k se encuentran alineadas para cualquier k entero positivo.*

Demostración. Tenemos que para $n \leq 3$ el Lema es trivial. Ahora sea $n \geq 4$ y consideremos un arreglo bonito S donde las tres cuerdas A, B y C no están alineadas. Si n no pertenece a alguno de los extremos de A, B y C, y si se quita n de S entonces obtenemos un arreglo bonito $S \setminus \{n\}$ de $[0, n-1]$, donde las cuerdas A, B y C están alineadas por hipótesis. En forma análoga, si 0 no pertenece a uno de estos extremos, entonces quitándolo nos da un arreglo bonito $S \setminus \{0\}$ donde las cuerdas A, B y C están alineadas. Por lo tanto, tanto 0 como n pertenecen a los extremos de estas cuerdas. Ahora si tanto x como y son sus

94

extremos correspondientes, tenemos entonces $n \geq 0 + x = k = n + y \geq n$. Por lo tanto, 0 y n son los extremos de una de las cuerdas, por ejemplo digamos C.

Sea D la cuerda formada por los números u y v los cuales son adyacentes a 0 y n como se muestra en la Figura 2. Sea $t = u + v$; si tuviéramos que $t = n$, las cuerdas − n; A, B y D no estarían alineadas en el arreglo bonito $S \setminus \{0, n\}$, contradiciendo la hipótesis. Si $t < n$ luego la cuerda -t de 0 a t no puede intersectar a D, de modo que la cuerda C separa t y D. La cuerda E de t a $n - t$ no intersecta a C, luego t y $n - t$ se encuentran de un mismo lado de C. Sin embargo, las cuerdas A, B y E no están alineadas en $S \setminus \{0, n\}$, alcanzándose una contradicción. Finalmente, el caso $t > n$ es equivalente al caso $t < n$ mediante un nuevo etiquetamiento de forma que el arreglo permanezca bonito, tenemos que x se convierte en $n - x$ para $0 \leq x \leq n$, lo cual transforma cuerdas -t en cuerdas - $(2n - t)$. Quedando demostrado así el Lema. ∎

Se procederá por inducción para demostrar lo requerido por el problema. El caso $n = 2$ es trivial. Supongamos ahora que $n \geq 3$. Sea S un arreglo bonito de $[0, n]$ y retiremos n para obtener otro arreglo bonito T de $[0, n - 1]$. Las cuerdas -n de T están alineadas, y contienen cada punto excepto a 0. Decimos que T es de Tipo 1 si 0 se encuentra entre dos de las cuerdas -n, de lo contrario de es de Tipo 2; es decir si 0 está alineado con las cuerdas -n. Se probará que cada arreglo de Tipo 1 de $[0, n - 1]$ surge de un arreglo único de $[0, n]$, y que cada arreglo de Tipo 2 de $[0, n - 1]$ surge de exactamente de dos arreglos bonitos de $[0, n]$.
Si T es de Tipo 1, y 0 se encuentra entre las cuerdas A y B. Puesto que la cuerda de 0 a n debe estar alineado con A y B en S, n debe estar en el otro arco entre A y B. Por lo tanto S puede ser recuperado únicamente desde T. Asimismo, si T es de Tipo 1 e insertando n como más arriba, luego afirmamos que el arreglo resultante S es bonito. Para $0 < k < n$ las cuerdas-k de S son también cuerdas -k de T, de modo que están alineadas. Finalmente, para $n < k < 2n$, notar que las cuerdas -n de S son paralelas por construcción, por lo cual existe un eje antisimétrico ℓ tal que x es simétrico a $n - x$ con respecto a ℓ para todo x. Si tuviésemos dos cuerdas -k que se intersectan, entonces sus reflexiones a través de ℓ serían dos cuerdas -$(2n - k)$ que también se intersectan, donde $0 < 2n - k < n$; lo cual es una contradicción.
Si T es de Tipo 2, existen dos posiciones posibles para n en S, sobre cualquier lado de 0. Verificándose que ambas posiciones conducen a arreglos bonitos de $[0, n]$.

Por lo tanto, si M_n es el número de arreglos bonitos de $[0, n]$, y L_n es el número de arreglos bonitos de $[0, n-1]$ de Tipo 2, tenemos que

$$M_n = (M_{n-1} - L_{n-1}) + 2L_{n-1} = M_{n-1} + L_{n-1}.$$

Queda por demostrar entonces que L_{n-1} es el número de pares (x, y) de enteros positivos tal que $x + y = n$ y $\mathrm{mcd}(x, y) = 1$. Puesto que $n \geq 3$, este número es igual a $\varphi(n)$ que representa el número de valores de x tal que $\mathrm{mcd}(x, n) = 1$ donde $1 \leq x \leq n$.

Consideremos un arreglo bonito de Tipo 2 de $[0, n-1]$. Se etiqueta las posiciones $0, \ldots, n-1 \mod(n)$ en sentido de las agujas del reloj alrededor de la circunferencia, de manera que el número 0 está en posición 0. Sea $f(i)$ el numero en posición i; notar que f es una permutación de $[0, n-1]$. Y sea a la posición tal que $f(a) = n - 1$.

Puesto que las cuerdas - n están alineadas con 0 , y cada punto está en una cuerda - n. Luego, las cuerdas son todas paralelas y

$$f(i) + f(-i) = n \quad \text{para todo "i".}$$

En forma similar, ya que las cuerdas - $(n-1)$ están alineadas y cada punto está en una cuerda - $(n-1)$, estas cuerdas también son paralelas y

$$f(i) + f(a - i) = n - 1 \quad \text{para todo "i".}$$

Por lo tanto $f(a - i) = f(-i) - 1$ para todo i; y como $f(0) = 0$, se alcanza

$$f(-ak) = k \quad \text{para todo "k".} \quad (*)$$

No olvidar que la expresión última es una igualdad en módulo n. Y ya que f es una permutación, se debe cumplir que $\mathrm{mcd}(a, n) = 1$; luego $L_{n-1} \leq \varphi(n)$.

Para probar que $L_{n-1} = \varphi(n)$, resta observar que el etiquetado $(*)$ es bonito. Para comprobarlo consideremos cuatro números w, x, y, z sobre la circunferencia tal que $w + y = x + z$. Sus posiciones alrededor de la circunferencia satisfacen $(-aw) + (-ay) = (-ax) + (-az)$, lo cual significa que la cuerda de w a y, y la cuerda de x a z son paralelas. Así $(*)$ satisface un arreglo que es bonito y posee una construcción Tipo 2, de lo cual se colige el resultado requerido.

IMO 2014

55° Olimpiada Internacional de Matemáticas

de Matemáticas

Ciudad del Cabo – Sudáfrica

IMO 2014

55° Olimpiada Internacional de Matemáticas

Ciudad del cabo, Sudáfrica

03 – 13 de Julio, 2014*.

Problema 1 (Por Gerhard Woeginger, Austria)

Sea $a_0 < a_1 < a_2 < \cdots$ una sucesión infinita de números enteros positivos. Demostrar que existe un único entero $n \geq 1$ tal que

$$a_n < \frac{a_0 + a_1 + \cdots + a_n}{n} \leq a_{n+1}. \quad (*)$$

Problema 2 (Por Tonci Kokan, Croacia)

Sea $n \geq 2$ un entero. Consideremos un tablero de tamaño $n \times n$ formado por n^2 cuadrados unitarios. Una configuración de n fichas en este tablero se dice que es *pacífica* si en cada fila y en cada columna hay exactamente una ficha. Hallar el mayor entero positivo k tal que, para cada configuración pacífica de n fichas, existe un cuadrado de tamaño $k \times k$ sin fichas en sus k^2 cuadrados unitarios.

Problema 3 (Por Ali Zamani, Irán)

En el cuadrilátero convexo $ABCD$, se tiene $\angle ABC = \angle CDA = 90°$. La perpendicular a BD desde A corta a BD en el punto H. Los puntos S y T están en los lados AB y AD, respectivamente, y son tales que H está dentro del triángulo SCT y

$$\angle CHS - \angle CSB = 90° \quad , \quad \angle THC - \angle DTC = 90°.$$

---

* El Primer día de competición se realizó el 8 de Julio (Problemas del 1 al 3), mientras que el Segundo día de competición se llevó a cabo el 9 de Julio (Problemas del 4 al 6).

99

Demostrar que la recta BD es tangente a la circunferencia circunscrita del triángulo TSH.

Problema 4 (Por Giorgi Arabidze, Georgia)

Los puntos P y Q están en el lado BC del triángulo acutángulo ABC de modo que $\angle PAB = \angle BCA$ y $\angle CAQ = \angle ABC$. Los puntos M y N están en las rectas AP y AQ, respectivamente, de modo que P es el punto medio de AM, y Q es el punto medio de AN. Demostrar que las rectas BM y CN se cortan en la circunferencia circunscrita del triángulo ABC.

Problema 5 (Por Gerhard Woeginger, Luxemburgo)

Para cada entero positivo n, el Banco de Ciudad del Cabo produce monedas de valor $1/n$. Dada una colección finita de tales monedas (no necesariamente de distintos valores) cuyo valor total no supera $99 + 1/2$, demostrar que es posible separar esta colección en 100 o menos montones, de modo que el valor total de cada montón sea como máximo 1.

Problema 6 (Por Gerhard Woeginger, Austria)

Un conjunto de rectas en el plano está en *posición general* si no hay dos que sean paralelas ni tres que pasen por el mismo punto. Un conjunto de rectas en posición general separa el plano en regiones, algunas de las cuales tienen área finita; a estas las llamamos sus *regiones finitas*.

Demostrar que para cada n suficientemente grande, en cualquier conjunto de n rectas en posición general es posible colorear de azul al menos $\sqrt{n}$ de ellas de tal manera que ninguna de sus regiones finitas tenga todos los lados de su frontera azules.

Nota: A las soluciones que reemplacen $\sqrt{n}$ por $c\sqrt{n}$ se les otorgarán puntos dependiendo del valor de c.

Solucionario de Problemas
IMO 2014
Ciudad del Cabo, Sudáfrica

Solucionario IMO 2014
Ciudad del Cabo, Sudáfrica.

Problema 1

Definamos $w_n = (a_0 + a_1 + \cdots + a_n) - na_n$ para $n = 1, 2, \dots$. El signo de w_n indica si se verifica la desigualdad inicial (∗); es decir, ésta se satisface si y solo si $w_n > 0$. Asimismo, notamos que

$$na_{n+1} - (a_0 + a_1 + \cdots + a_n) = (n+1)a_{n+1} - (a_0 + \cdots + a_n + a_{n+1}) = -w_{n+1}$$

Luego, la segunda desigualdad en (∗) es equivalente a que $w_{n+1} \leq 0$. Y por tanto tenemos que probar que existe un único índice $n \geq 1$ que satisface que $w_n > 0 \geq w_{n+1}$.

Por definición la sucesión $w_1, w_2, \dots$ está formada por enteros tal que $w_1 = (a_0 + a_1) - 1 \cdot a_1 = a_0 > 0$. Asimismo, se tiene que

$$w_{n+1} - w_n = [(a_0 + \cdots + a_n + a_{n+1}) - (n+1)a_{n+1}] - [(a_0 + a_1 + \cdots + a_n) - na_n]$$

$$= n(a_n - a_{n+1}) < 0$$

Podemos notar que $w_{n+1} < w_n$ y en consecuencia la sucesión es estrictamente decreciente.

Por lo tanto, tenemos una sucesión decreciente de enteros $w_1 > w_2 > \cdots$ tal que el primer elemento w_1 es positivo. Es de esperarse que la sucesión puede tornarse negativa en algún punto y por consiguiente existe un índice único n, que es el índice del último término positivo que satisface $w_n > 0 \geq w_{n+1}$.

Problema 2

Sea k un entero positivo. Se demostrará que si $n > k^2$ luego cada configuración pacífica contiene un cuadrado vacío $k \times k$, pero si $n \leq k^2$ entonces existe una configuración pacífica que no contiene dicho cuadrado.

(a). Supongamos que $n > k^2$ y consideremos cualquier configuración pacífica. Existe una fila F que contiene una ficha en su casilla del extremo izquierdo. Elijamos k filas consecutivas incluyendo a la fila F tal que su unión U contiene exactamente k fichas. Ahora retiremos de U sus $n - k^2 \geq 1$ columnas de la izquierda (de forma que al menos una ficha sea también retirada). La parte restante resulta en un rectángulo $k^2 \times k$, de modo que pueda ser dividido en k

cuadrados de tamaño $k \times k$ tal que esta parte contiene a lo mucho $k - 1$ fichas. Luego, uno de estos cuadrados esta vacío.

(b). Supongamos ahora que $n \leq k^2$. En primer lugar, construyamos para el caso $n = k^2$ una configuración pacífica con ningún cuadrado $k \times k$ vacío. Enumeremos las filas y columnas de abajo hacia arriba y de izquierda a derecha, respectivamente, con los números $0, 1, 2, \ldots, k^2 - 1$. Denotemos cada cuadrado de los casilleros con el par (f, c) con sus respectivos números de fila y columna. Y coloquemos las fichas en todos los cuadrados de la forma $(ik + j, jk + i)$ con $i, j = 0, 1, \ldots, k - 1$ (la figura de abajo representa este arreglo para $k = 3$). Puesto que cada número desde 0 a $k^2 - 1$ tiene una única representación de la forma $ik + j$ donde $0 \leq i, j \leq k - 1$, por lo tanto cada fila y cada columna contienen exactamente una ficha.

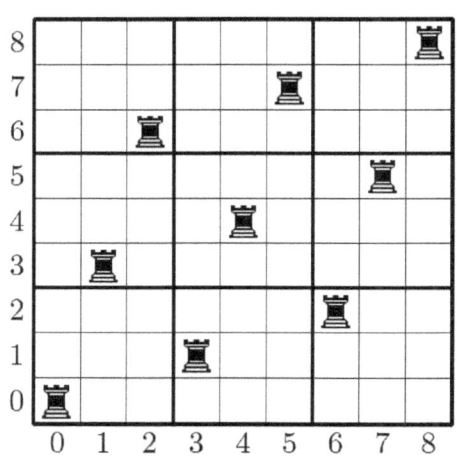

Luego, observamos que cada cuadrado de $k \times k$ en el tablero contiene una ficha. Sea C dicho cuadrado, y consideremos k filas consecutivas cuya unión contiene a C. Sea el menor número de estas filas $pk + q$ donde $0 \leq p, q \leq k - 1$ (notar que $pk + q \leq k^2 - k$). Luego, las fichas en esta unión son colocadas en las columnas con números $qk + p$, $(q + 1)k + p$, $\ldots$, $(k - 1)k + p$, $p + 1$, $k + (p + 1)$, $\ldots$, $(q - 1)k + p + 1$. Colocando estos números en orden creciente tenemos,

$$p + 1, k + (p + 1), \ldots, (q - 1)k + p + 1, qk + p, (q + 1)k + p, \ldots, (k - 1)k + p.$$

Se verifica fácilmente que el primer número en esta lista es como máximo $k - 1$ (Si $p = k - 1$ luego $q = 0$ y el primer número listado es $qk + p = k - 1$), el último es al menos $(k - 1)k$, y la diferencia entre dos números consecutivos es como máximo k. Por lo tanto, una de las k columnas consecutivas que intersecta a C contiene un numero de los listados más arriba, y la ficha en esta columna está dentro de C como se requiere. Luego, queda así establecida la construcción para $n = k^2$.

Finalmente, se analizará que para $n < k^2$ una configuración pacífica de fichas que no contiene un cuadrado vacío de $k \times k$. Consideremos la construcción de un cuadrado de $k^2 \times k^2$ y quitemos $k^2 - n$ filas inferiores junto a las $k^2 - n$ columnas de la derecha. Tendremos entonces un arreglo de fichas con ningún cuadrado vacío de $k \times k$, sin embargo varias filas y columnas podrían estar vacías. Claramente, el número de filas vacías es igual al número de columnas vacías, por lo que se puede encontrar una biyección entre ellas y colocar una ficha en cualquier cruce de una fila vacía y una columna vacía que se correspondan entre sí.

Por lo tanto, de la parte (a) notamos que el mayor entero positivo k que cumple lo requerido satisface la condición $n - k^2 \geq 1$, luego $k = \lfloor \sqrt{n-1} \rfloor$.

Problema 3

Dejemos pasar una línea a través de C tal que sea perpendicular a SC e intersecte a la línea AB en Q (Ver Figura 1). Luego, $\angle SQC = 90° - \angle BSC = 180° - \angle SHC$, lo cual implica que los puntos C, H, S y Q se encuentran sobre una misma circunferencia. Además, puesto que SQ es un diámetro de esta circunferencia, se deduce que el circuncentro K del triángulo SHC está situado sobre la línea AB. De manera análoga, se demuestra que el circuncentro L del triángulo CHT se encuentra sobre la línea AD.

Para demostrar que la circunferencia circunscrita del triángulo SHT es tangente a BD, será suficiente probar que las mediatrices de las líneas HS y HT se intersectan sobre la línea AH. Sin embargo, estas dos mediatrices coinciden con las bisectrices de los ángulos AKH y ALH. Por consiguiente, para completar la demostración, bastará con probar de acuerdo al Teorema de la Bisectriz que $\frac{AK}{KH} = \frac{AL}{LH}$. A continuación se presenta dos maneras de probar esta igualdad.

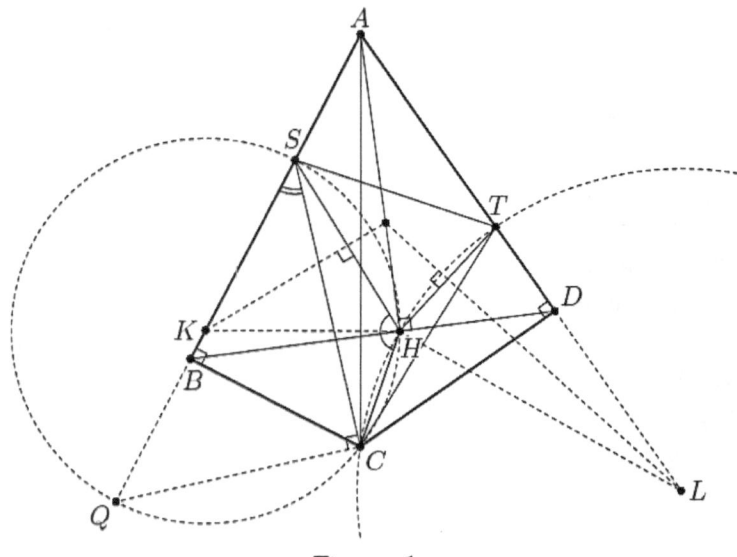

Figura 1

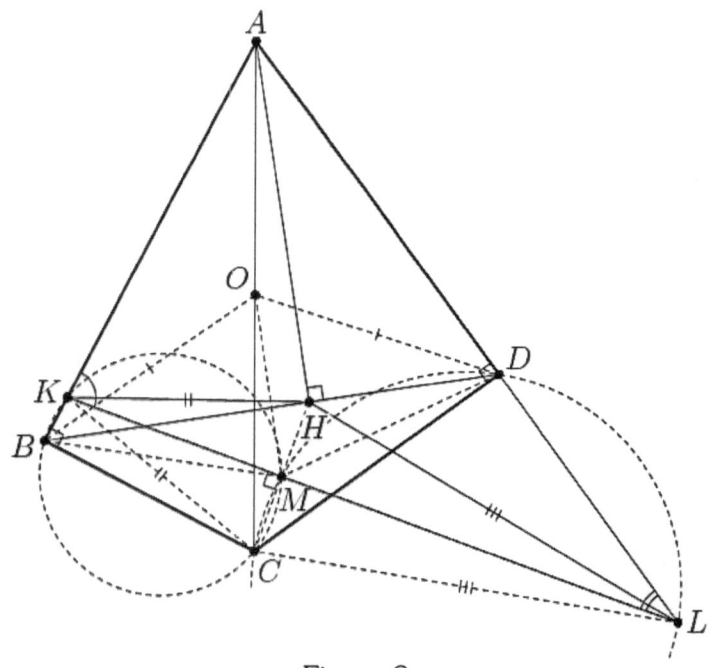

Figura 2

106

Método 1

De la Figura 2 tenemos que las líneas KL y HC se intersectan en el punto M. Ya que $KH = KC$ y $LH = LC$, los puntos H y C son simétricos con respecto a la línea KL, luego M es el punto medio de HC. Denotemos con O el circuncentro del cuadrilátero $ABCD$, luego O es el punto medio de AC. Por consiguiente tenemos que $OM \parallel AH$ y entonces $OM \perp BD$. Y ya que $OB = OD$ se tiene que OM es la mediatriz de BD y por lo tanto $BM = DM$.

Puesto que $CM \perp KL$, los puntos B, K, M y C se encuentran sobre la circunferencia con diámetro KC. En forma similar, los puntos C, M, D y L están situados sobre la circunferencia con diámetro LC. Ahora, aplicando la Ley de Senos tenemos que $\frac{AK}{AL} = \frac{\sin \angle ALK}{\sin \angle AKL} = \frac{DM}{CL} \cdot \frac{CK}{BM} = \frac{CK}{CL} = \frac{KH}{LH}$, lo cual culmina la demostración.

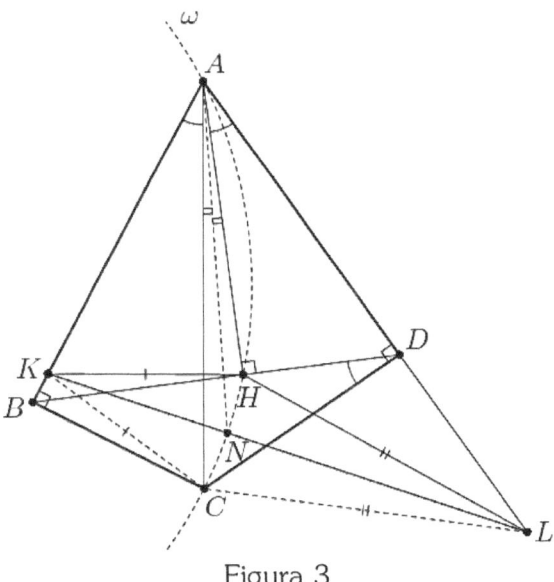

Figura 3

Método 2

Si los puntos A, H y C son colineales luego $AK = AL$ y $KH = LH$, de modo que quedaría probado lo requerido. Supongamos entonces que los puntos A, H y C no sean colineales y consideremos una circunferencia ω a través de estos puntos (Ver Figura 3). Ya que el cuadrilátero $ABCD$ es cíclico, se cumple que $\angle BAC = \angle BDC = 90° - \angle ADH = \angle HAD$.

Sea N el punto de intersección de la circunferencia ω y la bisectriz del $\angle CAH$. Luego, AN es también la bisectriz del $\angle BAD$. Puesto que H y C son simétricos con respecto a la línea KL y $HN = NC$, en consecuencia tanto N como el centro de ω se hallan sobre la línea KL. De lo cual se infiere que la circunferencia ω es una Circunferencia de Apolonio de los puntos K y L, probándose inmediatamente lo solicitado.

Problema 4

Primera Solución

Denotemos con S al punto de intersección de las líneas BM y CN. Además, tenemos que $\angle CAQ = \angle ABC = \beta$ y $\angle BAP = \angle BCA = \gamma$. Luego, los triángulos ABP y CAQ son semejantes (Ver Figura 1). Y se cumple que,

$$\frac{BP}{PM} = \frac{BP}{PA} = \frac{AQ}{QC} = \frac{NQ}{QC}.$$

Asimismo, se tiene que $\angle BPM = \angle CQN = \beta + \gamma$. Luego, los triángulos PBM y QNC son semejantes de lo cual se infiere que $\angle BMP = \angle NCQ$ y por tanto los triángulos BPM y BSC son también semejantes. En consecuencia, se tiene que $\angle CSB = \angle BPM = \beta + \gamma$ y $\angle BAC = 180° - (\beta + \gamma)$, obteniéndose finalmente que $\angle BAC + \angle CSB = 180°$; lo cual completa la demostración.

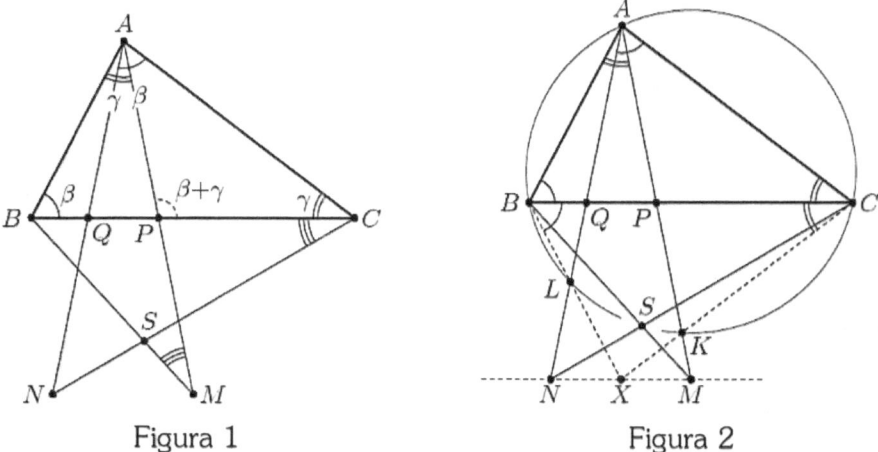

Figura 1   Figura 2

108

Segunda Solución

Al igual que el caso anterior denotamos con S al punto de intersección de las líneas BM y CN. Además, la circunferencia circunscrita al triangulo ABC intersectan nuevamente a las líneas AP y AQ en K y L respectivamente (Ver Figura 2).

Se observa que $\angle CBL = \angle CAL = \angle ABC$ y asimismo $\angle BCK = \angle BAK = \angle ACB$. Lo cual implica que las líneas BL y CK se intersectan en el punto X, el cual es simétrico al punto A con respecto a la línea BC. Puesto que $AP = PM$ y $AQ = QN$, se infiere que X se encuentra sobre la línea MN. Por lo tanto, aplicando el Teorema de Pascal al hexágono $ABLSKC$, se concluye S se encuentra sobre la circunferencia circunscrita al triángulo ABC, culminando así la demostración.

Problema 5

Probaremos que para cada entero positivo N, cualquier colección de monedas de Ciudad del Cabo con valor total no mayor a $N - 1/2$ puede ser dividida en N grupos cada uno con valor total de 1 como máximo. Es fácil notar que el enunciado del problema es un caso particular cuando $N = 100$.

Si las muchas monedas dadas tienen un valor total también de la forma $1/k$, siendo k un entero positivo; luego podemos fusionar estas monedas en una nueva moneda. Claramente, si la colección resultante puede ser dividida en el modo requerido entonces la colección inicial puede ser dividida también.

Después de cada tal fusión, el número total de monedas disminuye, y así en algún momento se arriba a una situación donde ninguna fusión adicional es posible. En ese momento, para cada k par existe como máximo una moneda de valor $1/k$ (de lo contrario dos de tales monedas pueden ser fusionadas), y para cada $k > 1$ impar existe como máximo $k - 1$ monedas de valor $1/k$ (de lo contrario k de tales monedas pueden también ser fusionadas).

Evidentemente, cada moneda de valor 1 debería formar un grupo individual; si existen p de tales monedas luego podemos quitarlas de la colección y sustituir N por $N - p$. Por lo tanto, de ahora en adelante podemos asumir que no existe ninguna moneda de valor 1.

Asimismo, podemos dividir todas las monedas de la siguiente manera. Para cada $k = 1, 2, ..., N$ colocamos todas las monedas de valores $1/(2k - 1)$ y $1/2k$ a un grupo M_k; cuyo valor total resulta,

$$(2k - 2) \cdot \frac{1}{2k - 1} + \frac{1}{2k} < 1$$

109

Queda luego por distribuir los valores de monedas pequeñas las cuales son menores que $1/2N$ y serán luego añadidas una por una; eligiendo en cada paso, cualquiera de las monedas pequeñas restantes. El valor total de las monedas en los grupos es como máximo $N - 1/2$, luego existe un grupo de valor total máximo de $\frac{1}{N}\left(N - \frac{1}{2}\right) = 1 - \frac{1}{2N}$. Por lo tanto, siempre es posible colocar estas monedas pequeñas en este grupo, pudiendose distribuir así todas las monedas.

Comentario

El algoritmo podría ser modificado, al menos en el paso donde se distribuye las monedas de valores no menores a $1/2N$. Una manera diferente es colocar en el grupo M_k todas las monedas de valores $1/(2k-1)\,2^m$ para todos los enteros $m \geq 0$. Se puede evidenciar que sus valores totales no exceden a 1.

Problema 6

Sea $\mathcal{R}$ el conjunto de regiones finitas. Asimismo, llamaremos *punto rojo* a un punto formado por la intersección de una línea roja y una línea azul mientras que llamaremos *punto azul* a aquel punto formado por la intersección de dos líneas azules. Consideremos una línea roja ℓ y elijamos una región arbitraria $A \in \mathcal{R}$ cuyo único lado rojo esta sobre ℓ. Así también, sean $r_2, r_1, a_1, \ldots, a_p$ los vértices de dicha región en sentido de las agujas de reloj tal que $r_1, r_2 \in \ell$, luego los puntos r_1 y r_2 son rojos mientras que los puntos $a_1, \ldots, a_p$ son azules (Ver Figura 1). Ahora bien, asociemos a ℓ el punto azul a_1 (consecutivo al punto rojo r_1), denominando a ℓ como *línea vecina* de a_1.

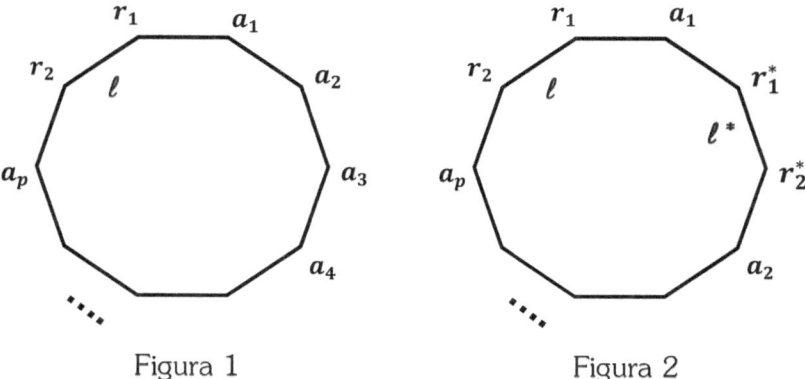

Figura 1   Figura 2

Se deduce entonces que cada punto azul podría tener como máximo dos líneas vecinas (Ver Figura 2); y como cada punto azul está formado por la intersección de dos líneas azules, luego siendo k el número de líneas de color azul, se verifica que

$$n - k \leq 2 \binom{k}{2} = k(k-1) = k^2 - k$$

Alcanzándose así que $k \geq \sqrt{n}$, lo cual demuestra la premisa inicial.

IMO 2015

56° Olimpiada Internacional de Matemáticas

Chiang Mai – Tailandia

IMO 2015

56° Olimpiada Internacional de Matemáticas

Chiang Mai, Tailandia

04 – 16 de Julio, 2015*.

Problema 1 (Por Merlijn Staps, Holanda)

Decimos que un conjunto finito de puntos S del plano es *equilibrado* si para cada par de puntos diferentes A y B en S existe un punto en C en S tal que $AC = BC$. Asimismo, decimos que S es *libre de centros* si para cada terna de puntos distintos A, B y C en S no existe ningún punto P en S tal que $PA = PB = PC$.

(a) Demostrar que para todo $n \geq 3$ existe un conjunto de n puntos equilibrado.

(b) Determinar todos los enteros $n \geq 3$ para los que existe un conjunto de n puntos equilibrado y libre de centros.

Problema 2 (Por Dusan Djukic, Serbia)

Determinar todas las ternas (a, b, c) de enteros positivos tales que cada uno de los números

$$ab - c, \quad bc - a, \quad ca - b$$

son una potencia de 2

(Una potencia de 2 es entero de la forma 2^n, donde n es un entero no negativo)

---

* El Primer día de competición se realizó el 10 de Julio (Problemas del 1 al 3), mientras que el Segundo día de competición se llevó a cabo el 11 de Julio (Problemas del 4 al 6).

115

Problema 3 (Por Danylo Khilko y Mykhailo Plotnikov, Ucrania)

Sea ABC un triángulo acutángulo con $AB > AC$. Sea Γ su circunferencia circunscrita, H su ortocentro, y F el pie de la altura desde A. Sea M el punto medio del segmento BC. Sea Q el punto de Γ tal que $\angle HQA = 90°$ y sea K el punto de Γ tal que $\angle HKQ = 90°$. Supongamos que los puntos A, B, C, K y Q son todos distintos y están sobre Γ en este orden.

Demostrar que la circunferencia circunscrita al triángulo KQH es tangente a la circunferencia circunscrita al triángulo FKM.

Problema 4 (Por Silouanos Brazitikos y Evangelos Psychas, Grecia)

El triángulo ABC tiene circunferencia circunscrita Ω y circuncentro O. Una circunferencia Γ de centro A corta al segmento BC en los puntos D y E tales que B, D, E y C son todos diferentes y están en la recta BC en ese orden. Sean F y G los puntos de intersección de Γ y Ω, tales que A, F, B, C y G están sobre Ω en este orden. Sea K el segundo punto de intersección de la circunferencia circunscrita al triángulo BDF y el segmento AB. Sea L el segundo punto de intersección de la circunferencia circunscrita al triángulo CGE y el segmento CA. Supongamos que las rectas FK y GL son distintas y se cortan en el punto X. Demostrar que X está sobre la recta AO.

Problema 5 (Por Dorlir Ahmeti, Albania)

Sea $\mathbb{R}$ el conjunto de los números reales. Determinar todas las funciones $f : \mathbb{R} \to \mathbb{R}$ que satisfacen la ecuación

$$f(x + f(x + y)) + f(xy) = x + f(x + y) + yf(x)$$

para todos los números reales x, y.

Problema 6 (Por Ross Atkins e Ivan Guo, Australia)

La sucesión de enteros $a_1, a_2, \ldots$ satisface las siguientes condiciones:

(i) $1 \leq a_j \leq 2015$ para todo $j \geq 1$;

(ii) $k + a_k \neq \ell + a_\ell$ para todo $1 \leq k < \ell$.

Demostrar que existen dos enteros positivos b y N tales que

$$\left| \sum_{j=m+1}^{n} (a_j - b) \right| \leq 1007^2$$

para todos los enteros m y n que satisfacen $n > m \geq N$.

Solucionario de Problemas
IMO 2015
Chiang Mai, Tailandia

Solucionario IMO 2015 – Chiang Mai, Tailandia.

Problema 1

Parte (a).

Consideremos un polígono de n lados tal que n es impar. Sean $A_1, A_2, \ldots, A_n$ los vértices del polígono ordenados en sentido contrario a las agujas del reloj y $S = \{A_1, A_2, \ldots, A_n\}$. Luego, para dos vértices cualesquiera A_i y A_j sea $k \in \{1, 2, \ldots, n\}$ la solución de $2k \equiv i + j \pmod{n}$. Por lo tanto, ya que $k - i \equiv j - k \pmod{n}$ tenemos que $A_i A_k = A_j A_k$ como se solicita.

Consideremos ahora un polígono de $3n - 6$ lados tal que n es par, siendo O su circuncentro. Y sean $A_1, A_2, \ldots, A_{3n-6}$ sus vértices del polígono ordenados en sentido contrario a las agujas del reloj con $S = \{O, A_1, A_2, \ldots, A_{n-1}\}$. Luego, para dos vértices cualesquiera A_i y A_j se cumple siempre que $OA_i = OA_j$. Asimismo, notamos que el triángulo $OA_i A_{n/2-1+i}$ es equilátero para todo $i \le n/2$. Por lo tanto, si $i \le n/2$ tenemos que $OA_{n/2-1+i} = A_i A_{n/2-1+i}$; de lo contrario si $i > n/2$ tenemos que $OA_{i-n/2+1} = A_i A_{i-n/2+1}$, culminando así la demostración. La Figura 1 muestra un ejemplo de tal construcción.

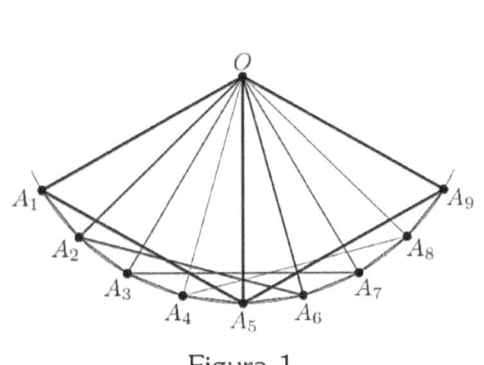

Figura 1

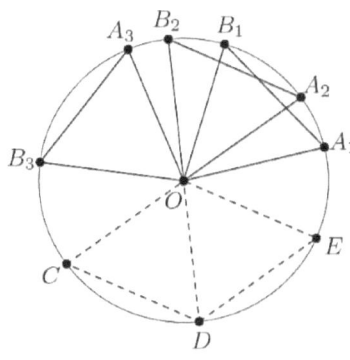

Figura 2

Comentario

Existen muchas maneras de construir un ejemplo a través de triángulos equiláteros. Sea O el centro de una circunferencia y sean $A_1, B_1, \ldots, A_k, A_k$ puntos diferentes sobre la circunferencia tal que el triangulo OA_iB_i es equilátero para cada i, luego $S = \{O, A_1, B_1, \ldots, A_k, A_k\}$ es equilibrado.

Para construir un conjunto con número par de elementos, adicionamos los puntos C, D y E sobre la circunferencia tal que los triángulos OCD y ODE son equiláteros como se aprecia en la Figura 2. Por lo tanto, el conjunto $S = \{O, A_1, B_1, \ldots, A_k, A_k, C, D, E\}$ es equilibrado.

Parte (b).

En esta parte probaremos que existe un conjunto equilibrado y libre de centros, consistente de n puntos tal que n sea impar y mayor o igual a 3.

Sea S el conjunto de vértices de un polígono regular de n lados con n impar. Se ha probado ya, que S es equilibrado. Afirmamos que S es también libre de centros. En efecto, si P es un punto tal que $PA = PB = PC$ para tres vértices diferentes dados A, B y C; luego P es el circuncentro del polígono de n lados, el cual no está contenido en S.

Supongamos ahora que S es equilibrado, libre de centros y con un número par de elementos n. Para un par de puntos diferentes $A, B \in S$, aseveramos que un punto $C \in S$ se encuentra asociado con $\{A, B\}$ si $AC = BC$. Puesto que existen $n(n-1)/2$ pares de puntos luego existe un punto $P \in S$ el cual está asociado con al menos $\left\lceil \frac{n(n-1)}{2}/n \right\rceil = \frac{n}{2}$ pares. Advertimos que ninguno de estos $\frac{n}{2}$ pares puede contener a P, de manera que la unión de estos $\frac{n}{2}$ pares está conformado de a lo mucho de $n-1$ puntos. Por lo tanto, existen dos de dichos pares que comparten un punto. Sean los dos pares $\{A, B\}$ y $\{A, C\}$ luego $PA = PB = PC$, lo cual es una contradicción.

Problema 2

Primera Solución

Sea (a, b, c) cualquier terna que satisface la propiedad requerida. Si tuviésemos que $a = 1$ luego tanto $b - c$ como $c - b$ tendrían que ser potencias de 2, lo cual es imposible. Esto demuestra que $a, b, c \geq 2$.

Caso 1. *Cuando al menos dos de los números a, b y c son iguales.*

Supongamos que $a = b$, luego $a^2 - c$ y $a(c - 1)$ son potencias de 2. De la última expresión deducimos que a y $c - 1$ son también potencias de 2. Por lo tanto, existen enteros no negativos α y β tal que $a = 2^\alpha$ y $c = 2^\beta + 1$. Puesto que $a^2 -$

$c = 2^{2\alpha} - 2^{\beta} - 1$ es una potencia de 2 e incongruente a $-1 \bmod(4)$, luego tenemos que $\beta \leq 1$. Además, cada uno de los términos $2^{2\alpha} - 2$ y $2^{2\alpha} - 3$ pueden ser solamente potencias de 2 si $\alpha = 1$. En consecuencia la terna (a, b, c) resulta o (2,2,2) o (2,2,3).

Caso 2. *Cuando los números a, b y c son diferentes.*
Supongamos que se verifica que,

$$2 \leq a < b < c \tag{1}$$

Por hipótesis existen tres enteros no negativos α, β y θ tal que

$$bc - a = 2^{\alpha} \tag{2}$$

$$ac - b = 2^{\beta} \tag{3}$$

$$ab - c = 2^{\theta} \tag{4}$$

Tenemos evidentemente que,

$$\alpha > \beta > \theta \tag{5}$$

Dependiendo del valor de a se pueden analizar a su vez dos casos:

A) *Cuando $a = 2$.*
En primer lugar probaremos que $\theta = 0$. Asumamos que $\theta > 0$ luego c es par según ec. (4) y en forma similar b es par de acuerdo a las expresiones (5) y (3). En consecuencia, $bc - a$ es congruente a $2 \bmod(4)$, lo cual es solamente posible si $bc = 4$. Ya que esto contradice la expresión (1), por consiguiente queda probado que $\theta = 0$, y se tiene que $c = 2b - 1$.

Asimismo, la ec. (3) puede escribirse como $3b - 2 = 2^{\beta}$. Puesto que $b > 2$, esto solamente es posible si $\beta \geq 4$. Si $\beta = 4$ entonces se alcanza que $b = 6$ y $c = 2 \cdot 6 - 1 = 11$, lo cual es una solución. Queda por analizar cuando $\beta \geq 5$. De la ec. (2) se infiere que,

$$9 \cdot 2^{\alpha} = 9b(2b - 1) - 18 = (3b - 2)(6b + 1) - 16 = 2^{\beta}\left(2^{\beta+1} + 5\right) - 16.$$

Ya que $\beta \geq 5$, notamos que $2^{\beta}\left(2^{\beta+1} + 5\right) - 16$ no es divisible por 32. Luego, $\alpha \leq 4$, consiguiendo así una contradicción con la expresión (5).

B) *Cuando $a \geq 3$.*
Elijamos un entero $\lambda \in \{-1, 1\}$ tal que $c - \lambda$ no es divisible por 4. Luego,

$$2^\alpha + \lambda \cdot 2^\beta = (bc - a\lambda^2) + \lambda(ca - b) = (b + a\lambda)(c - \lambda)$$

es divisible por 2^β y consecuentemente $b + a\lambda$ es divisible por $2^{\beta-1}$. Además, $2^\beta = ac - b > (a - 1)c \geq 2c$ implica en virtud de la expresión (1) que, a y b son menores que $2^{\beta-1}$, lo cual es solamente posible si $\lambda = 1$ y $a + b = 2^{\beta-1}$. La ec. (3) resulta como

$$ac - b = 2(a + b) \tag{6}$$

por consiguiente $4b > a + 3b = a(c - 1) \geq ab$, de lo cual se infiere que $a = 3$. De modo que la ec. (6) se reduce a $c = b + 2$ y de la ec. (2) tenemos que $b(b + 2) - 3 = (b - 1)(b + 3)$ es una potencia de 2. En consecuencia, los factores $b - 1$ y $b + 3$ tienen que ser potencias de 2. Y puesto que la diferencia entre ellos es 4, luego la única posibilidad es cuando $b = 5$ y por tanto $c = 7$. Completando de esta manera la solución.

En conclusión, existen dieciséis ternas que satisfacen la condición requerida, las cuales son: la terna $(2, 2, 2)$, las tres permutaciones de $(2, 2, 3)$, y las seis permutaciones de $(2, 6, 11)$ y $(3, 5, 7)$ respectivamente.

Segunda Solución
Así como en el caso anterior, notamos que $a, b, c \geq 2$. Dependiendo si a, b y c es par o impar podríamos analizar tres casos.

Caso 1. *Cuando los números a, b y c son pares.*
Sean 2^A, 2^B y 2^C las mayores potencias de 2 que dividen a a, b y c respectivamente. Asumamos en general que $A \leq B \leq C$. Asimismo, 2^B es la mayor potencia de 2 que divide a $ac - b$, y por lo tanto $ac - b = 2^B \leq b$. De manera similar, se tiene que $bc - a = 2^A \leq a$. Sumando ambas desigualdades obtenemos $(a + b)c \leq 2(a + b)$, luego $c \leq 2$. En consecuencia, $c = 2$ y $A = B = C = 1$, además $a = 2^A = 2$ y $b = 2^B = 2$. Finalmente, tenemos que una solución para la terna (a, b, c) es $(2, 2, 2)$.

Caso 2. *Cuando los números a, b y c son impares.*
Asumamos que dos de estos números son iguales, por ejemplo $a = b$, entonces $ac - b = a(c - 1)$ posee un divisor no trivial y por tanto no puede ser una potencia de 2. Luego a, b y c son diferentes; y asimismo asumamos en general que $a < b < c$.

124

Sean α y β enteros no negativos tal que $bc - a = 2^\alpha$ y $ac - b = 2^\beta$. Resulta evidente que $\alpha > \beta$, y notamos también que 2^β divide a

$$a \cdot 2^\alpha - b \cdot 2^\beta = a(bc - a) - b(ac - b) = b^2 - a^2 = (b + a)(b - a).$$

Ya que a es impar, no es posible que tanto $b + a$ como $b - a$ sean divisibles por 4. Por consiguiente, uno de ellos tiene que ser múltiplo de $2^{\beta-1}$. Luego, uno de los números $2(b + a)$ o $2(b - a)$ es divisible por 2^β y cualquier caso se alcanza que,

$$ac - b = 2^\beta \leq 2(a + b). \tag{7}$$

Lo que implica a su vez que $(a - 1)b < ac - b < 4b$ y entonces $a = 3$ (ya que a es impar y $a > 1$). Luego la expresión (7) se reduce a $c \leq b + 2$. Además, ya que b y c son impares y asimismo $b < c$, luego se verifica también que $b + 2 \leq c$ y por lo tanto obtenemos que $c = b + 2$. Y puesto que $bc - a = (b - 1)(b + 3)$ es una potencia de 2 se infiere que $b = 5$ y $c = 7$. Por lo tanto, la terna $(3, 5, 7)$ es también una solución al problema.

Caso 3. *Cuando entre los números a, b y c existe algún par e impar.*
En general supongamos que c es impar y que $a \leq b$. Como al menos uno de los números a y b es par, la expresión $ab - c$ es impar y como es a su vez una potencia de 2 se alcanza que,

$$ab - c = 1. \tag{8}$$

Ahora bien, si $a = b$ entonces $c = a^2 - 1$. Como $ac - b = a(a^2 - 2)$ es una potencia de 2 se deduce que a y $(a^2 - 2)$ son potencias de 2, por lo tanto $a = 2$. Así tenemos que $(2, 2, 3)$ es también una solución del problema.

Supongamos ahora que $a < b$ en lo que sigue. Y siendo α y β enteros no negativos tal que $\alpha > \beta$ que satisfacen,

$$bc - a = 2^\alpha \quad y \quad ac - b = 2^\beta. \tag{9}$$

Si $\beta = 0$ entonces tenemos que $ac - b = ab - c = 1$ y en consecuencia $b = c = 1$, lo cual es imposible. De modo que α y β son positivos y por tanto a y b son pares. Sustituyendo ahora $c = ab - 1$ en la expresión previa, resulta

$$2^\alpha = ab^2 - (a + b) \tag{10}$$

$$2^\beta = a^2b - (a + b) \tag{11}$$

125

Sumando las ecs. (10) y (11) se obtiene que $2^\alpha + 2^\beta = (ab - 2)(a + b)$. Luego, $ab - 2$ es par pero no múltiplo de 4, de manera que $2^{\beta-1}$ es la potencia más alta de 2 que divide a $a + b$. Y desde luego, las ecs. (10) y (11) evidencian que $2^{\beta-1}$ es también la potencia más alta de 2 que divide a ab^2 y a^2b. Por lo tanto, existe un entero $\delta \geq 1$ que junto a los enteros impares A, B y C satisfacen $a = 2^\delta A$, $b = 2^\delta B$, $a + b = 2^{3\delta}C$ y $\beta = 1 + 3\delta$.

Notamos que $A + B = 2^{2\delta}C \geq 4C$. Además, de la ec. (11) se infiere que $A^2B - C = 2$. Luego, $8 = 4A^2B - 4C \geq 4A^2B - A - B \geq A^2(3B - 1)$. Puesto que A y B son impares tal que $B > A$, esto es solamente posible si $A = 1$ y $B = 3$. Asimismo, se puede concluir que $C = 1$ y $\delta = 1$ de lo cual sigue que $a = 2$, $b = 6$ y $c = 11$. Hallando así que la terna $(2, 6, 11)$ es también una solución del problema.

Finalmente, concluimos que las soluciones que satisfacen la condición del problema son las ternas $(2, 2, 2)$, $(3, 5, 7)$ y $(2, 6, 11)$ con sus respectivas permutaciones.

Problema 3

Primera Solución

Sea A' el punto de reflexión de A con respecto al centro de Γ. Puesto que $\angle AQA' = \angle AQH = 90°$, los puntos Q, H y A' son colineales. En forma similar, si Q' es el punto de reflexión de Q con respecto al centro de Γ, luego K, H y Q' son colineales. Además, la línea AHF intersecta de nuevo a Γ en el punto E; así también M y F son puntos medios de los segmentos HA' y HE respectivamente. Asimismo, sea J el punto medio de HQ'.

Considérese un punto T tal que TK es tangente a la circunferencia KQH en K, estando Q y T sobre lados opuestos de KH (Ver Figura 1). Luego, $\angle HKT = \angle HQK$ y se comprueba que $\angle MKT = \angle CFK$. Sin embargo, la demostración buscada es equivalente a probar que $\angle HQK = \angle CFK + \angle HKM$. Lo cual a su vez equivale a $\angle Q'HA' = \angle KFA - \angle HKM$ en vista que $\angle HQK = 90° - \angle Q'HA'$ y $\angle CFK = 90° - \angle KFA$. Y ya que F y J son puntos medios de los lados HE y HQ' de los triángulos semejantes KHE y AHQ', tenemos que $\angle KFA = \angle HJA$. Y de manera análoga obtenemos que $\angle HKM = \angle JQH$. Luego, todo se reduce a comprobar que $\angle Q'HA' = \angle HJA - \angle JQH$.

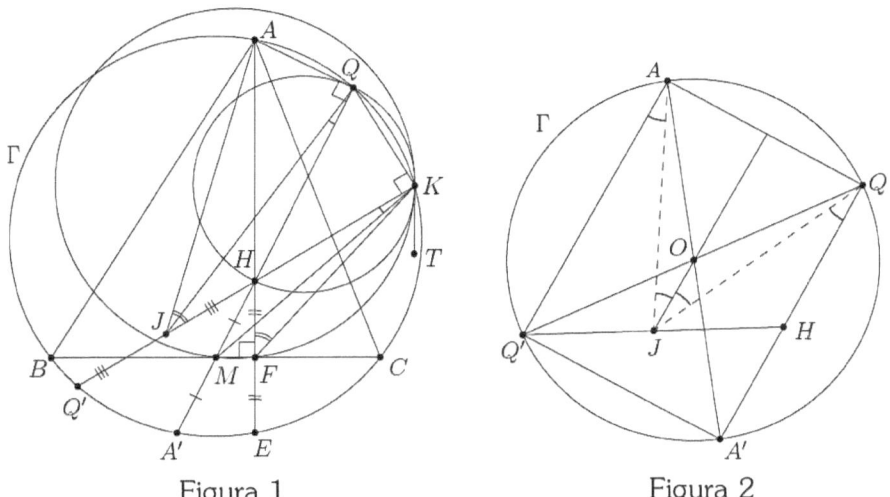

Figura 1	Figura 2

Además, puesto que $\angle Q'HA' = \angle JQH + \angle HJQ$ y $\angle HJA = \angle QJA + \angle HJQ$, la expresión a comprobar se reduce solo a demostrar que $\angle QJA = 2\angle JQH$. Finalmente, de la Figura 2 observamos que el cuadrilátero $AQA'Q'$ es un rectángulo, y trazando una línea paralela a AQ' partir de J (hacia el lado AQ del rectángulo) se infiere claramente que $\angle QJA = 2\angle JQH$.

Segunda Solución

De la construcción geométrica de acuerdo a la Figura 3, notamos que A' es una intersección de la línea MH con Γ, y E es un punto de Γ tal que $\angle HEA' = 90°$. Asimismo, las líneas HQ y HA' son diámetros de las circunferencias circunscritas de los triángulos KQH y $EA'H$, respectivamente; de manera que estas circunferencias poseen una tangente común t en H, perpendicular a MH. Sea R el centro radical de las circunferencias $A'BC$, KQH y $EA'H$, las cuales tienen como ejes radicales por pares a las líneas QK, $A'E$ y la línea t, pasando todas estas líneas a través de R. Sea S el punto medio de HR; y ya que $\angle QKH = \angle HEA' = 90°$, luego el cuadrilátero $HERK$ es cíclico con circuncentro en S, y se tiene que $SK = SE = SH$. Además, la línea BC pasa por S y es mediatriz de HE. Luego, la circunferencia HMF es también tangente a la recta t en H; evaluando la potencia del punto S con respecto a la circunferencia HMF tenemos que $SM \cdot SF = SH^2 = SK^2$.

127

Por lo tanto, la potencia de S con respecto a las circunferencias KQH y KFM es SK^2. Finalmente, el segmento SK es tangente a ambas circunferencias en K, probando de esta manera lo solicitado.

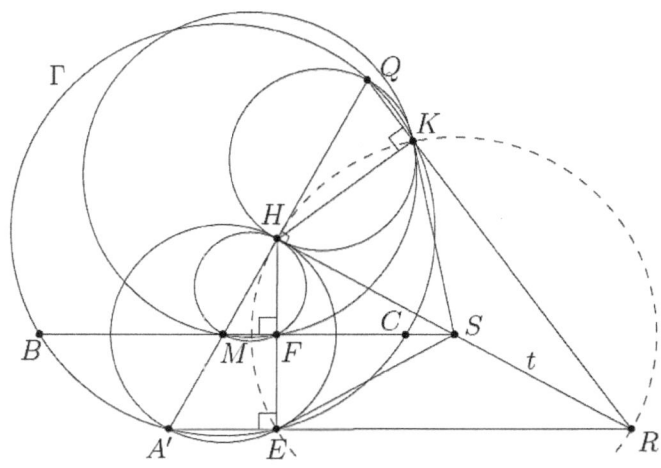

Figura 3

Problema 4

Primera Solución

Una manera de resolverlo es demostrando que las líneas FK y GL son simétricas con respecto al segmento AO. Asimismo, ya que las líneas AF y AG tal que $AF = AG$, son cuerdas de Ω también simétricas con respecto a AO. Luego, será suficiente probar que $\angle KFA = \angle AGL$.

Sean ω_B y ω_C las circunferencias circunscritas a los triángulos BDF y ECG, respectivamente. De la construcción geométrica tenemos que $\angle KFA = \angle DFG + \angle GFA - \angle DFK$. En virtud de las propiedades de las circunferencias, tenemos que $\angle DFG = \angle CEG$, $\angle GFA = \angle GBA$ y $\angle DFK = \angle DBK$, luego $\angle KFA = \angle CEG + \angle GBA - \angle DBK = \angle CEG - \angle CBG$. Y ya que $\angle CEG = \angle CLG$ y $\angle CBG = \angle CAG$, por lo tanto $\angle KFA = \angle CLG - \angle CAG = \angle AGL$. Quedando demostrada así la premisa.

128

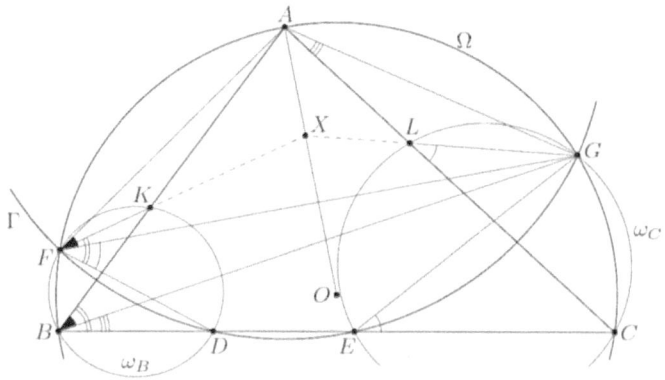

Segunda Solución

Sean $\angle BAC = \alpha$, $\angle ABF = \varphi$ y $\angle EDA = \angle AED = \psi$. Ya que $AF = AG$ se tiene que $\angle GCA = \varphi$. De la figura mostrada se verifica que $\angle KFA = \angle DFA - \angle DFK$. Puesto que el triángulo AFD es isósceles, implica que $\angle DFA = \angle ADF = \angle EDF - \psi = \angle BFD + \angle EBF - \psi$. Además, se cumple que $\angle DFK = \angle CBA$. Luego, podemos escribir que $2\angle KFA = \angle DFA + (\angle BFD + \angle EBF - \psi) - 2\angle CBA$. Y en consecuencia, $2\angle KFA = \angle BFA + \varphi - \psi - \angle CBA$. Ahora bien, como el cuadrilátero $AFBC$ es cíclico, se deduce que $\angle KFA = (\alpha + \varphi - \psi)/2$. Y ya que los ángulos α, φ y ψ se hallan en forma simétrica en nuestra configuración, por lo tanto podemos probar fácilmente que $\angle AGL = (\alpha + \varphi - \psi)/2$ concluyéndose que $\angle KFA = \angle AGL$.

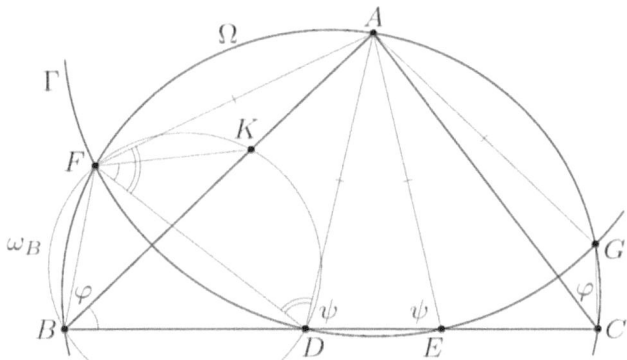

Problema 5

Resulta evidente que las funciones que satisfacen la expresión son $f(x) = x$ y $f(x) = 2 - x$. Por lo tanto será suficiente demostrar que son soluciones únicas. Sea f una función cualquiera que satisface la ecuación funcional dada. Si colocamos $y = 1$, tenemos que,

$$f\big(x + f(x + 1)\big) = x + f(x + 1) \tag{1}$$

Luego $x + f(x + 1)$ es un punto fijo de f, $\forall\, x \in \mathbb{R}$.

Ahora bien, podemos distinguir dos casos con respecto al valor de $f(0)$.

Caso 1. Cuando $f(0) \neq 0$.

Colocando $x = 0$ en la expresión inicial, nos queda que,

$$f\big(f(y)\big) + f(0) = f(y) + y\, f(0).$$

Sea y_0 un punto fijo de f, luego de sustituir $y = y_0$ en la ecuación anterior se alcanza que $y_0 = 1$. Por lo tanto, de (1) se tiene que $x + f(x + 1) = 1$, $\forall\, x \in \mathbb{R}$. De lo cual deducimos que $f(x) = 2 - x$, $\forall\, x \in \mathbb{R}$.

Caso 2. Cuando $f(0) = 0$.

Colocando $y = 0$ y reemplazando x por $x + 1$ en la expresión inicial, obtenemos que,

$$f(x + f(x + 1) + 1) = x + f(x + 1) + 1 \tag{2}$$

Asimismo, sustituyendo $x = 1$ en la expresión inicial, se alcanza que,

$$f\big(1 + f(y + 1)\big) + f(y) = 1 + f(y + 1) + y\, f(1) \tag{3}$$

Colocando $x = -1$ en (1), se tiene que $f(-1) = -1$. Y cuando ponemos $y = -1$ en (3), se observa que $f(1) = 1$. Luego (3) se reduce a,

$$f\big(1 + f(y + 1)\big) + f(y) = 1 + f(y + 1) + y \tag{4}$$

En consecuencia, si tanto y_0 como $y_0 + 1$ son puntos fijos de f luego también lo es $y_0 + 2$. Por lo tanto, sigue de (1) y (2) que $x + f(x + 1) + 2$ es un punto fijo de f, $\forall\, x \in \mathbb{R}$. Es decir,

$$f(x + f(x + 1) + 2) = x + f(x + 1) + 2.$$

Reemplazando x por $x - 2$, tenemos que la ecuación anterior resulta,

$$f\big(x + f(x - 1)\big) = x + f(x - 1).$$

Ahora bien, colocando $y = -1$ en la expresión inicial nos da,

$$f\big(x + f(x - 1)\big) = x + f(x - 1) - f(x) - f(-x).$$

Por consiguiente, $f(-x) = -f(x)$, $\forall\, x \in \mathbb{R}$.

Además, sustituyendo (x, y) por $(-1, -y)$ en la expresión inicial y sabiendo que $f(-1) = -1$, obtenemos que,

$$f\big(-1 + f(-y - 1)\big) + f(y) = -1 + f(-y - 1) + y.$$

Y puesto que f es una función impar, la ecuación anterior se convierte en,

$$-f\big(1 + f(y + 1)\big) + f(y) = -1 - f(y + 1) + y.$$

Finalmente, sumando miembro a miembro la ecuación última con la ec. (4), se deduce que $f(y) = y$, $\forall\, y \in \mathbb{R}$.

En conclusión, las únicas funciones que satisfacen la expresión inicial son $f(x) = 2 - x$ y $f(x) = x$, $\forall\, x \in \mathbb{R}$.

Problema 6

Visualizando el conjunto de enteros positivos como una sucesión de puntos, tal que para cada n asociamos una flecha que parte de n y termina en $n + a_n$; de modo que la longitud de la flecha es a_n. Debido a la condición que $m + a_m \neq n + a_n$ para $m \neq n$, a cada entero positivo se le asocia a lo mucho una flecha. Existen algunos enteros positivos, como por ejemplo la unidad (1), que no se les pueden asociar ninguna flecha; estos serán denominados *puntos de partida* en la sucesión. Cuando se comienza en cualquiera de los puntos de partida y se sigue las flechas, nos conduce a una trayectoria infinita, llamada *rayo*, la cual pasa por una sucesión creciente de enteros positivos. Puesto que la longitud de cualquier flecha es a lo mucho 2015, dicho rayo con un punto de partida s por ejemplo, pasará por cada intervalo de la forma $[n, n + 2014]$ con $n \geq s$ al menos una vez.

Supongamos que existen al menos 2016 puntos de partida. Luego podemos elegir un entero n que sea mayor que los primeros 2016 puntos de partida. Sin embargo, el intervalo $[n, n + 2014]$ debe ser recorrido por al menos 2016 rayos en diferentes puntos, lo cual es imposible. Por lo tanto, queda probado que el número b de puntos de partida satisface $1 \leq b \leq 2015$. Asimismo, sea N cualquier entero mayor a todos los puntos de partida, luego afirmamos que b y N deben satisfacer lo requerido.

Sean m y n dos enteros cualesquiera tal que $n > m \geq N$. Luego, la suma $\sum_{i=m+1}^{n} a_i$ nos brinda la longitud total de las flechas que parten desde $m + 1, \ldots, n$. Elegidas todas juntas, las flechas forman b subtrayectorias de nuestros rayos, algunos de los cuales pueden estar vacíos. Ahora en cada rayo observamos que el primer número es mayor que m; sean $x_1, \ldots, x_b$ estos números y enumeremos con $y_1, \ldots, y_b$ en orden correspondiente a los números definidos en forma similar con respecto a n. Por consiguiente, las diferencias $y_1 - x_1, \ldots, y_b - x_b$ consiste de las longitudes de estas trayectorias y posiblemente algunos ceros correspondientes a las trayectorias vacías. Luego, tenemos que,

$$\sum_{i=m+1}^{n} a_i = \sum_{j=1}^{b} (y_j - x_j),$$

En consecuencia,

$$\sum_{i=m+1}^{n} (a_i - b) = \sum_{j=1}^{b} (y_j - n) - \sum_{j=1}^{b} (x_j - m).$$

Ahora bien, cada uno de los b rayos coincide con el intervalo $[m + 1, m + 2015]$ en algún punto y por tanto $x_1 - m, \ldots, x_b - m$ son b elementos diferentes del conjunto $\{1, 2, \ldots, 2015\}$. Además, puesto que $m + 1$ no es un punto de partida, debe entonces pertenecer a algún rayo; de manera que la unidad (1) tiene que aparecer entre estos números, luego

$$1 + \sum_{j=1}^{b-1} (j + 1) \leq \sum_{j=1}^{b} (x_j - m) \leq 1 + \sum_{j=1}^{b-1} (2016 - b + j).$$

Aplicando el mismo argumento a n y $y_1, \ldots, y_b$ se obtiene,

$$1 + \sum_{j=1}^{b-1}(j+1) \leq \sum_{j=1}^{b}(y_j - n) \leq 1 + \sum_{j=1}^{b-1}(2016 - b + j).$$

Asimismo, de las expresiones anteriores podemos deducir que,

$$\left| \sum_{i=m+1}^{n}(a_i - b) \right| \leq \sum_{j=1}^{b-1}\big((2016 - b + j) - (j+1)\big) = (b-1)(2015 - b)$$

$$\leq \left(\frac{(b-1) + (2015 - b)}{2} \right)^2 = 1007^2,$$

Quedando así demostrada la premisa del problema.

IMO 2016

57° Olimpiada Internacional de Matemáticas

de Matemáticas

Hong Kong – Hong Kong

IMO 2016

57° Olimpiada Internacional de Matemáticas

Hong Kong, Hong Kong

06 – 16 de Julio, 2016[*].

Problema 1 (Por Art Waeterschoot, Bélgica)

El triángulo BCF es rectángulo en B. Sea A el punto de la recta CF tal que $FA = FB$ y F está entre A y C. Se elige el punto D de modo que $DA = DC$ y AC es bisectriz del ángulo $\angle DAB$. Asimismo, se elige el punto E de modo que $EA = ED$ y AD es bisectriz del ángulo $\angle EAC$. Así también, sea M el punto medio de CF y X un punto tal que $AMXE$ es un paralelogramo (con $AM \parallel EX$ y $AE \parallel MX$). Demostrar que las rectas BD, FX, y ME son concurrentes.

Problema 2 (Por Trevor Tao, Australia)

Hallar todos los enteros positivos n de modo que en cada casilla de un tablero de $n \times n$ se puede escribir una de las letras I, M y O tal que:
• en cada fila y en cada columna, un tercio de las casillas tiene I, un tercio tiene M y un tercio tiene O; y
• en cualquier línea diagonal compuesta por un número de casillas divisible por 3, exactamente un tercio de las casillas tienen I, un tercio tiene M y un tercio tiene O.
Nota: Las filas y las columnas del tablero de $n \times n$ se enumeran desde 1 hasta n, en su orden natural. Así, cada casilla corresponde a un par de enteros positivos (i, j) con $1 \le i, j \le n$. Para $n > 1$, el tablero tiene $4n - 2$ líneas diagonales de dos tipos. Una línea diagonal del primer tipo se compone de todas las casillas (i, j)

---

[*] El Primer día de competición se realizó el 11 de Julio (Problemas del 1 al 3), mientras que el Segundo día de competición se llevó a cabo el 12 de Julio (Problemas del 4 al 6).

para las que $i + j$ es una constante, mientras que una línea diagonal del segundo tipo se compone de todas las casillas (i, j) para las que $i - j$ es una constante.

Problema 3 (Por Aleksandr Gaifullin, Rusia)

Sea $P = A_1 A_2 \ldots A_k$ un polígono convexo en el plano. Los vértices A_1, A_2, ..., A_k tienen coordenadas enteras y se encuentran sobre una circunferencia. Sea S el área de P. Sea n un entero positivo impar tal que los cuadrados de las longitudes de los lados de P son todos números enteros divisibles por n. Demostrar que $2S$ es un entero divisible por n.

Problema 4 (Por Luxemburgo)

Un conjunto de números enteros positivos se llama *fragante* si contiene al menos dos elementos, y cada uno de sus elementos tiene algún factor primo en común con al menos uno de los elementos restantes. Sea $P(n) = n^2 + n + 1$. Determinar el menor número entero positivo b para el cual existe algún número entero no negativo a tal que el conjunto

$$\{P(a + 1), P(a + 2), \ldots, P(a + b)\}$$

es fragante.

Problema 5 (Por Nazar Agakhanov y Ilya Bogdanov, Rusia)

En una pizarra se encuentra escrita la ecuación

$$(x - 1)(x - 2) \cdots (x - 2016) = (x - 1)(x - 2) \cdots (x - 2016)$$

que posee 2016 factores lineales en cada lado. Determinar el menor valor posible de k para el cual pueden borrarse exactamente k de estos 4032 factores lineales, de modo que al menos quede un factor en cada lado y la ecuación que resulte no tenga soluciones reales.

Problema 6 (Por Josef Tkadlec, República Checa)

Se tienen $n \geq 2$ segmentos en el plano tal que cada par de segmentos se intersecan en un punto interior a ambos, y no hay tres segmentos que tengan un punto en común. Geoff debe elegir uno de los extremos de cada segmento y colocar sobre él una rana mirando hacia el otro extremo.

Luego silbará $n - 1$ veces. En cada silbido, cada rana saltará inmediatamente hacia adelante hasta el siguiente punto de intersección sobre su segmento. Las ranas nunca cambian las direcciones de sus saltos. Geoff quiere colocar las ranas de tal forma que nunca dos de ellas ocupen al mismo tiempo el mismo punto de intersección.

(a) Demostrar que si n es impar, Geoff siempre puede lograr su objetivo.
(b) Demostrar que si n es par, Geoff nunca logrará su objetivo.

Solucionario de Problemas
IMO 2016
Hong Kong, Hong Kong

Solucionario IMO 2016 – Hong Kong, Hong Kong.

Problema 1

Primera Solución

Luego de realizar la construcción geométrica notamos que $\angle FAB = \angle FBA = \angle DAC = \angle DAC = \angle EAD = \angle EDA$ e igual a θ. Ya que $\triangle ABF \sim \triangle ACD$, luego tenemos que $\frac{AB}{AC} = \frac{AF}{AD}$ de manera que $\triangle ABC \sim \triangle AFD$. Asimismo, de $EA = ED$ se deduce que $\angle AFD = \angle ABC = 90° + \theta = 180° - \angle AED/2$.

Por lo tanto, F se encuentra en la circunferencia con centro en E y radio EA. Además, $EF = EA = ED$ y como $\angle EFA = \angle EAF = 2\theta = \angle BFC$ entonces los puntos B, F y E son colineales. Así también, como $\angle EDA = \angle MAD$ tenemos que $ED \parallel AM$ y por lo tanto E, D y X son colineales. Ya que M es el punto medio CF y $\angle CBF = 90°$ luego $MF = MB$. De los triángulos isósceles EFA y MFB se infiere que $\angle EFA = \angle MFB$ y $AF = BF$; en consecuencia los triángulos son congruentes. Luego, tenemos que $BM = AE = XM$ y también que $BE = BF + FE = AF + FM = AM = EX$. De lo cual concluimos que los triángulos EMB y EMX son congruentes. Ya que F y D se encuentran en EB y EX respectivamente, además $EF = ED$ y, BD y XF son simétricos con respecto a EM; por lo tanto estas tres líneas son concurrentes.

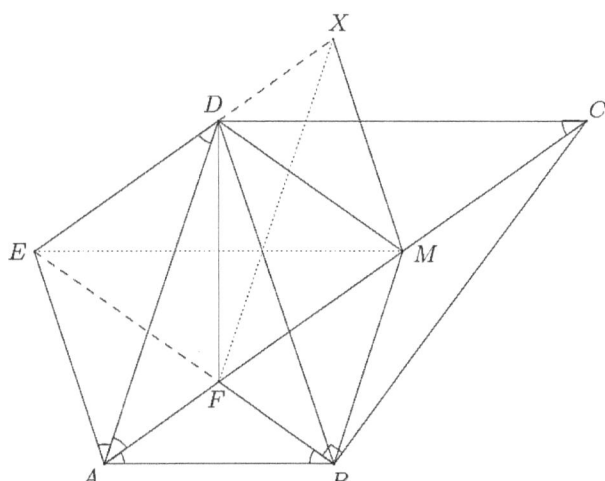

Segunda Solución

Al igual que el caso anterior se alcanza que $\angle FAB = \angle FBA = \angle DAC = \angle DAC = \angle EAD = \angle EDA$ e igual a θ. De $\angle CAD = \angle EDA$ tenemos que $AC \parallel ED$.

Asimismo, ya que $AC \parallel EX$ luego E, D y X son colineales. Además, $\triangle ABF \sim \triangle ACD$, luego tenemos que $\frac{AB}{AC} = \frac{AF}{AD}$ de manera que $\triangle ABC \sim \triangle AFD$. Así también, se deduce que $\angle AFD = \angle ABC = 90° + \theta$ lo que implica que $\angle FDC = 90°$, infiriéndose que el cuadrilátero $BCDF$ es cíclico. Y sea Γ_1 la circunferencia circunscrita a dicho cuadrilátero.

Ahora, ya que $\triangle ABF \sim \triangle ADE$, luego tenemos que $\frac{AB}{AD} = \frac{AF}{AE}$ de modo que $\triangle ABD \sim \triangle AFE$, y en consecuencia $\angle AFE = \angle ABD = \angle FBD + \theta = \angle FCD + \theta = 2\theta = 180° - \angle BFA$; de lo cual se infiere que B, F y E son colineales. Se observa que F es el incentro del triángulo DAB, también que el punto E se sitúa en la bisectriz del $\angle DBA$ y en la mediatriz de AD. De lo cual se deduce que E se halla sobre la circunferencia circunscrita Γ_2 del triángulo ABD y tenemos que $EA = EF = ED$.

Además, puesto que CF es un diámetro de Γ_1 y M el punto medio de CF, luego M es el centro de Γ_1 y $\angle AMD = 2\theta = \angle ABD$; lo cual implica que M se halla sobre Γ_2. Luego, $\angle MDX = \angle MAE = \angle DXM$ ya que $AMXE$ es un paralelogramo. Por lo tanto, $MD = MX$ y X se encuentra sobre Γ_1.

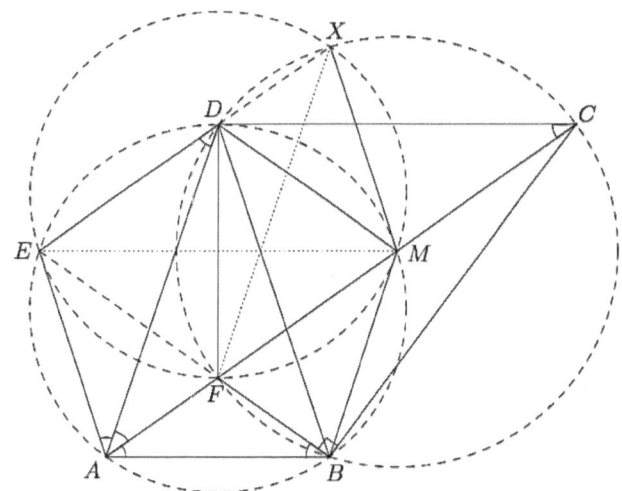

Asimismo, ya que $EA = EF = XM$ y $EX \parallel FM$, luego el cuadrilátero $EFMX$ es un trapecio isósceles y es cíclico. Y sea Γ_3 la circunferencia circunscrita a dicho cuadrilátero. Puesto que BD, EM y FX son tres ejes radicales de las circunferencias Γ_1, Γ_2 y Γ_3 respectivamente, por lo tanto son concurrentes.

144

Otro modo de completar la demostración es como sigue. Ya que $\angle DMF = \angle BFM = 2\theta$ entonces se tiene que $DM \parallel EB$. Además, $\angle BFD + \angle XBF = \angle BFC + \angle CFD + 90° - \angle CBX = 2\theta + (90° - \theta) + 90° - \theta = 180°$ luego tenemos que $DF \parallel XB$. De lo cual inferimos que los lados correspondientes de los triángulos DMF y BEX son paralelos. Aplicando el Teorema de Desargues a los triángulos anteriores concluimos que las líneas DB, ME y FX son concurrentes.

Tercera Solución

Al igual que en los casos anteriores llamaremos θ al ángulo en común. Ya que $\triangle ABF \sim \triangle ACD$, luego tenemos que $\frac{AB}{AC} = \frac{AF}{AD}$ de modo que $\triangle ABC \sim \triangle AFD$. Luego, $\angle ADF = \angle ACB = 90° - 2\theta = 90° - \angle BAD$ y por tanto $DF \perp AB$. En vista que, $FA = FB$ se infiere que $\triangle DAB$ es isósceles siendo $DA = DB$ y F el incentro del mismo.

Asimismo, ya que $\angle AED = 180° - 2\theta = 180° - \angle DBA$ en consecuencia los puntos A, B, D y E son concíclicos. Y como $EA = ED$ luego los puntos E, F y B son colineales donde $EA = ED = EF$.

Se observa que C se encuentra sobre la bisectriz del $\angle BAD$ y sobre la bisectriz exterior del ángulo $\hat{B}$ en el triángulo DAB. Tenemos entonces que C es el excentro con respecto de A del triángulo DAB. Y como M es el punto medio de CF, luego M se encuentra sobre la circunferencia circunscrita del triángulo DAB y asimismo es el centro de la circunferencia que pasa por los puntos D, F, B y C. Observamos también que el cuadrilátero $DEFM$ es un rombo, en consecuencia los puntos medios de AX, EM y DF coinciden y por lo tanto el cuadrilátero $DAFX$ es un paralelogramo.

Sea P el punto de intersección de BD y EM, y sea Q el punto de intersección de AD y BE. Puesto que $\angle BAC = \angle DCA$ se infiere que DC, AB y EM son paralelos. Y puesto que $CM = DM = DE = AE$ y $MA = BE$, tenemos que $\frac{DP}{PB} = \frac{CM}{MA} = \frac{AE}{BE}$. Además, como $\triangle AEQ \sim \triangle BEA$ se tiene que $\frac{AE}{BE} = \frac{AQ}{BA}$ y por el Teorema de la Bisectriz Interior se cumple que $\frac{AQ}{BA} = \frac{QF}{FB}$. Finalmente, $QD \parallel FP$ y por lo tanto los puntos F, P y X son colineales, donde la concurrencia de las líneas BD, FX y ME resulta evidente.

145

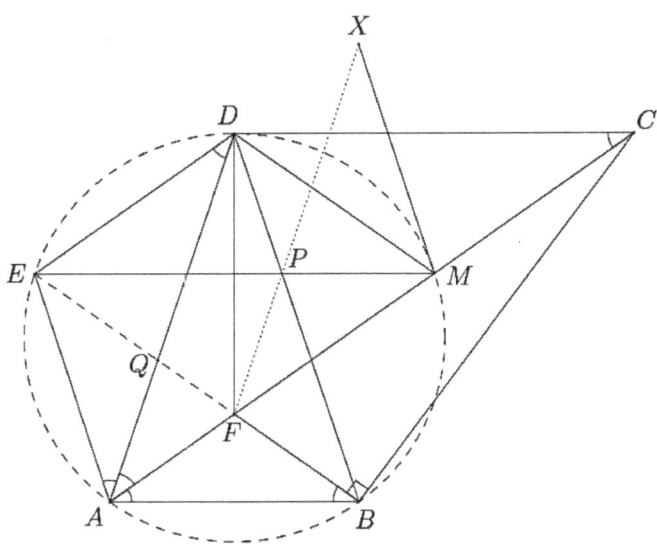

Problema 2

Notamos que dicha tabla existe cuando n es un múltiplo de 9, como se muestra en la tabla de 9×9 a continuación,

$$
\begin{vmatrix}
I & I & I & M & M & M & O & O & O \\
M & M & M & O & O & O & I & I & I \\
O & O & O & I & I & I & M & M & M \\
I & I & I & M & M & M & O & O & O \\
M & M & M & O & O & O & I & I & I \\
O & O & O & I & I & I & M & M & M \\
I & I & I & M & M & M & O & O & O \\
M & M & M & O & O & O & I & I & I \\
O & O & O & I & I & I & M & M & M
\end{vmatrix}
$$

Claramente, para $n = 9k$ donde k es un entero positivo, se pueden formar tablas de $n \times n$ usando $k \times k$ copias de la tabla anterior. Puesto que, hay tres I, tres M y tres O en cualesquiera nueve casillas consecutivas, luego el número de I, M y O son iguales para cualquier fila y columna de una tabla de $n \times n$. Además, cada diagonal de la tabla de $n \times n$ cuyo número de casillas es divisible por 3 intersecta a cada tabla de 9×9 en una diagonal con número de casillas divisible por 3. Por lo tanto, cada diagonal de la tabla de $n \times n$ posee también el mismo número de I, M y O.

Ahora bien, consideremos cualquier tabla de $n \times n$ para la cual se cumple los requisitos solicitados. Ya que el número de casillas de cada fila o columna debería ser múltiplo de 3, entonces sea $n = 3k$ donde k es un entero positivo. A continuación dividimos la tabla completa en $k \times k$ tablas de 3×3. Llamaremos *casilla vital* a una casilla en el centro de la tabla de 3×3, y llamaremos *línea vital* a cualquier fila, columna o diagonal que contenga al menos una casilla vital. Sea N el número de pares (l, c) donde l es una línea vital y c es una casilla perteneciente a l que contiene la letra M.

Por un lado, puesto que cada línea vital contiene el mismo número de I, M y O, es evidente que cada fila y columna vital contiene k letras M. Para diagonales vitales en cualquier dirección, determinamos que existen exactamente $1 + 2 + \cdots + (k-1) + k + (k-1) + \cdots + 2 + 1 = k^2$ letras M; luego tenemos que $N = 4k^2$.

Por otro lado, existen $3k^2$ letras M en la tabla completa. Así también, notamos que cada casilla pertenece a exactamente 1 o 4 líneas vitales. Por lo tanto, N tiene que ser congruente a $3k^2 \pmod 3$. Asimismo, tenemos que $N = 4k^2 \equiv 3k^2 \pmod 3$, de donde inferimos que k debe ser un múltiplo de 3. Finalmente, n resultará un múltiplo de 9 lo cual completa la demostración.

Problema 3

Sea $P = A_1 A_2 \ldots A_k$ y $A_{k+i} = A_i$ para $i \geq 1$. Además, por la Fórmula de la Lazada (o Fórmula del Area de Gauss) el área de cualquier polígono convexo con coordenadas números enteros resulta la mitad de un entero, luego tenemos que $2S$ es un entero. Demostraremos por inducción para $k \geq 3$, que $2S$ es divisible por n. Evidentemente, será suficiente considerar que $n = p^\theta$ donde p es un primo impar y $\theta \geq 1$.

Sean $\sqrt{na}$, $\sqrt{nb}$ y $\sqrt{nc}$ las longitudes de los lados de P cuando $k = 3$; donde a, b y c son enteros positivos. Luego, por la Formula de Heron se tiene que,

$$16S^2 = n^2(2ab + 2bc + 2ca - a^2 - b^2 - c^2)$$

De lo cual se deduce que $16S^2$ es divisible por n^2. Y ya que n es impar, en consecuencia $2S$ es divisible por n.

Ahora asumamos que $k \geq 4$. Si el cuadrado de la longitud de una de las diagonales es divisible por n, entonces tal diagonal divide a P en dos polígonos más

147

pequeños, a los cuales la hipótesis de inducción también se aplica. Por lo tanto, podemos asumir que ninguno de los cuadrados de las longitudes de las diagonales es divisible por n.

Denotemos con $\delta_p(N)$ al exponente de p en la descomposición canónica de N, y consideremos el lema a continuación,

Lema. *Se cumple que* $\delta_p((A_1A_m)^2) > \delta_p((A_1A_{m+1})^2)$ *para* $2 \le m \le k - 1$

Demostración. El caso cuando $m = 2$ es evidente, puesto que $\delta_p((A_1A_2)^2) \ge p^\theta > \delta_p((A_1A_3)^2)$ por la condición e hipótesis mencionada más arriba.

Supongamos que $\delta_p((A_1A_2)^2) > \delta_p((A_1A_3)^2) > \cdots > \delta_p((A_1A_m)^2)$ donde $3 \le m \le k - 1$. Para la aplicación del método de inducción, empleamos el Teorema de Ptolomeo al cuadrilátero cíclico $A_1A_{m-1}A_mA_{m+1}$ obteniéndose que,

$$A_1A_{m+1} \cdot A_{m-1}A_m + A_1A_{m-1} \cdot A_mA_{m+1} = A_1A_m \cdot A_{m-1}A_{m+1}$$

Despejando el término $A_1A_{m+1} \cdot A_{m-1}A_m$ y elevándolo al cuadrado nos da,

$$(A_1A_{m+1})^2 \cdot (A_{m-1}A_m)^2 = (A_1A_{m-1})^2 \cdot (A_mA_{m+1})^2 + (A_1A_m)^2 \cdot (A_{m-1}A_{m+1})^2$$
$$-2A_1A_{m-1} \cdot A_mA_{m+1} \cdot A_1A_m \cdot A_{m-1}A_{m+1} \quad \text{(I)}$$

De aquí se deduce que $2A_1A_{m-1} \cdot A_mA_{m+1} \cdot A_1A_m \cdot A_{m-1}A_{m+1}$ es un entero. Consideremos la componente de p de cada término de (I). De acuerdo a la hipótesis inductiva tenemos que $\delta_p((A_1A_{m-1})^2) > \delta_p((A_1A_m)^2)$. Además, tenemos que $\delta_p((A_mA_{m+1})^2) \ge p^\theta > \delta_p((A_{m-1}A_{m+1})^2)$. Luego, inferimos que,

$$\delta_p((A_1A_{m-1})^2 \cdot (A_mA_{m+1})^2) > \delta_p((A_1A_m)^2 \cdot (A_{m-1}A_{m+1})^2) \quad \text{(II)}$$

Asimismo de ec. (II), tenemos que $\delta_p(4\,(A_1A_{m-1})^2 \cdot (A_mA_{m+1})^2 \cdot (A_1A_m)^2 \cdot (A_{m-1}A_m)^2) = \delta_p((A_1A_{m-1})^2 \cdot (A_mA_{m+1})^2) + \delta_p((A_1A_m)^2 \cdot (A_{m-1}A_{m+1})^2) > 2\delta_p((A_1A_m)^2 \cdot (A_{m-1}A_{m+1})^2)$. De lo cual concluimos que,

$$\delta_p(2A_1A_{m-1} \cdot A_mA_{m+1} \cdot A_1A_m \cdot A_{m-1}A_{m+1}) > \cdots$$
$$\delta_p((A_1A_m)^2 \cdot (A_{m-1}A_{m+1})^2) \quad \text{(III)}$$

Relacionando las ecuaciones (I), (II) y (III) se obtiene que,

$$\delta_p((A_1A_{m+1})^2 \cdot (A_{m-1}A_m)^2) = \delta_p((A_1A_m)^2 \cdot (A_{m-1}A_{m+1})^2)$$

148

Ya que $\delta_p((A_{m-1}A_m)^2) \geq p^\theta > \delta_p((A_{m-1}A_{m+1})^2)$, luego se alcanza que $\delta_p((A_1A_{m+1})^2) < \delta_p((A_1A_m)^2)$. Entonces, siguiendo un razonamiento inductivo, inferimos que

$$p^\theta > \delta_p((A_1A_3)^2) > \delta_p((A_1A_4)^2) > \cdots > \delta_p((A_1A_k)^2) \geq p^\theta,$$

lo cual es una contradicción. Y por lo tanto, se demuestra que $2S$ es divisible por n.

Problema 4

Analizando algunas propiedades particulares de la función $P(n)$ tenemos,

(i) mcd $\big(P(n), P(n+1)\big) = 1$, para cualquier n.
Tenemos que mcd $\big(P(n), P(n+1)\big) = $ mcd $(n^2+n+1, n^2+3n+3) = $ mcd $(n^2+n+1, 2n+2)$. Es fácil notar que n^2+n+1 es impar, luego mcd $(n^2+n+1, n+1) = $ mcd $((n+1)^2 - n, n+1) = 1$ quedando evidenciada la premisa.

(ii) mcd $\big(P(n), P(n+2)\big) = 1$, para $n \not\equiv 2 \pmod 7$ y mcd $\big(P(n), P(n+2)\big) = 7$, para $n \equiv 2 \pmod 7$.
Como $P(n)$ es impar y ya que $(2n+7)P(n) - (2n-1)P(n+2) = 14$, luego mcd $\big(P(n), P(n+2)\big)$ debe ser un divisor de 7. Por lo tanto, la premisa se verifica al evaluar directamente $n \equiv 0, 1, 2, ..., 6 \pmod 7$.

(iii) mcd $\big(P(n), P(n+3)\big) = 1$, para $n \not\equiv 1 \pmod 3$ y $3 \mid$ mcd $\big(P(n), P(n+3)\big)$ para $n \equiv 1 \pmod 3$.
Como $P(n)$ es impar y ya que $(n+5)P(n) - (n-1)P(n+3) = 18$, luego mcd $\big(P(n), P(n+3)\big)$ debe ser un divisor de 9. Por lo tanto, la premisa se verifica al evaluar directamente $n \equiv 0, 1, 2 \pmod 3$.

Supongamos que existe un conjunto fragante de 5 elementos. Podemos entonces asumir que éste contiene los elementos $P(m), P(m+1), ..., P(m+4)$. Notamos de (i) que el término $P(m+2)$ es primo entre sí con $P(m+1)$ y $P(m+3)$. Asumiendo que mcd $\big(P(m), P(m+2)\big) > 1$; de (ii) se deduce que $m \equiv 2 \pmod 7$. Asimismo, se deduce también que mcd $\big(P(m+1), P(m+3)\big) = 1$. Luego, para que el conjunto sea fragante, mcd $\big(P(m), P(m+3)\big)$ y mcd $\big(P(m+1), P(m+4)\big)$ deben ser mayores que 1. Y de acuerdo a (iii), esto se cumple solamente cuando tanto m como $m+1$ son congruentes a 1 (mod 3), lo cual es una contradicción.

Ahora bien, será suficiente construir un conjunto fragante de 6 elementos. Asimismo, consideramos que m es un entero positivo tal que $m \equiv 7 \pmod{19}$, $m + 1 \equiv 2 \pmod 7$ y $m + 2 \equiv 1 \pmod 3$. Por el Teorema Chino del Resto podemos elegir $m = 197$; así también de (ii) tenemos que $P(m + 1)$ y $P(m + 3)$ son divisibles por 7. Y de (iii) tanto $P(m + 2)$ y $P(m + 5)$ son divisibles por 3. Además, se verifica que $P(m)$ y $P(m + 4)$ son divisible por 19. Por lo tanto, el conjunto $\{P(m), P(m + 1), ..., P(m + 5)\}$ es fragante, y finalmente haciendo $m = a + 1$ tenemos que el conjunto $\{P(a + 1), P(a + 2), ..., P(a + 6)\}$ también es fragante donde el valor mínimo de b buscado es 6.

Problema 5

Puesto que existen 2016 factores lineales comunes, se necesita entonces borrar al menos 2016 factores. Decimos que la ecuación no tendrá ninguna raíz real si borramos todos los factores $(x - p)$ del lado izquierdo con $p \equiv 2, 3 \pmod 4$ y todos los factores $(x - q)$ del lado derecho con $q \equiv 0, 1 \pmod 4$. Luego, bastará demostrar que ningún número real satisface,

$$\prod_{j=0}^{503}(x - 4j - 1)(x - 4j - 4) = \prod_{j=0}^{503}(x - 4j - 2)(x - 4j - 3)$$

Caso 1: Si $x = 1, 2, 3, ..., 2016$.
En este caso un lado de la ecuación anterior es cero mientras el otro lado no. Esto demuestra que x no satisface la ecuación.

Caso 2: Si $4k + 1 < x < 4k + 2$ o $4k + 3 < x < 4k + 4$ para $k = 0, 1, ..., 503$.
Para $j = 0, 1, ..., 503$ con $j \neq k$, el producto $(x - 4j - 1)(x - 4j - 4)$ es positivo, mientras que el producto $(x - 4k - 1)(x - 4k - 4)$ para $j = k$ es negativo. Esto demuestra que el lado izquierdo de la ecuación es negativo. Por otro lado, cada producto $(x - 4j - 2)(x - 4j - 3)$ del lado derecho de la ecuación es positivo. Lo cual es una contradicción.

Caso 3: Si $x < 1$ o $x > 2016$ o $4k < x < 4k + 1$ para $k = 0, 1, ..., 503$.
La ecuación anterior puede escribirse como,

$$\prod_{j=0}^{503}\frac{(x - 4j - 1)(x - 4j - 4)}{(x - 4j - 2)(x - 4j - 3)} = \prod_{j=0}^{503}\left(1 - \frac{2}{(x - 4j - 2)(x - 4j - 3)}\right) = 1$$

Se observa que $(x - 4j - 2)(x - 4j - 3) > 2$ para $j = 0, 1, \ldots, 503$. En consecuencia, cada término en el producto se encuentra entre 0 y 1, resultando ser el producto menor que 1, lo cual es imposible.

Caso 4: Si $4k + 2 < x < 4k + 3$ para $k = 0, 1, \ldots, 503$.
La ecuación anterior puede reescribirse también como,

$$\frac{x - 1}{x - 2} \cdot \frac{x - 2016}{x - 2015} \prod_{j=1}^{503} \frac{(x - 4j)(x - 4j - 1)}{(x - 4j + 1)(x - 4j - 2)} = 1$$

$$\frac{x - 1}{x - 2} \cdot \frac{x - 2016}{x - 2015} \prod_{j=1}^{503} \left(1 + \frac{2}{(x - 4j + 1)(x - 4j - 2)}\right) = 1$$

Es evidente que los términos $\frac{x-1}{x-2}$ y $\frac{x-2016}{x-2015}$ son mayores que 1. Y asimismo cada término del producto es también mayor que 1. Por lo tanto, el lado izquierdo resultaría ser mayor que 1, apareciendo otra vez una contradicción.

En resumen, de los cuatro casos analizados observamos que la ecuación analizada no posee ninguna raíz real, siendo **2016** el mínimo número de factores a ser borrados.

Problema 6

Consideremos un disco que contenga todos los segmentos. Extendemos cada segmento a una línea l_i de modo que cada una de ellas corte al disco en dos puntos distintos A_i y B_i respectivamente.

Caso 1: *Si n es impar*
Nos movemos a lo largo de la circunferencia del disco y marcamos cada uno de los puntos A_i y B_i como *entrada* y *salida* alternadamente. Puesto que, cada par de líneas se intersectan en el disco, existen exactamente $n - 1$ puntos entre A_i y B_i para $1 \leq i \leq n$. Ya que n es impar, significa que A_i o B_i está marcado como "entrada" mientras que el otro como "salida". Por lo tanto, Geoff puede colocar una rana en el extremo de cada segmento el cual se encuentre más cercano a la "entrada" de la línea correspondiente. Podemos asegurar que dos ranas sobre l_i y l_j respectivamente, no se cruzan nunca para cualquier par i, j.

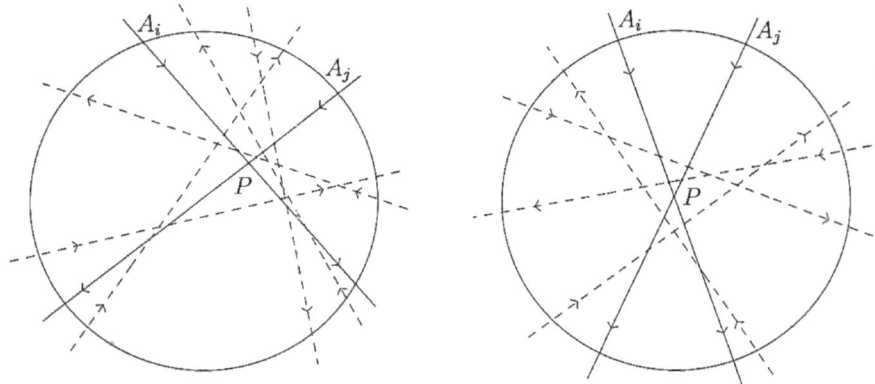

Asumimos que las ranas parten de A_i y A_j respectivamente. Asimismo, asumimos que las rectas l_i y l_j se intersectan en P. Notamos que existe un número impar de puntos en el arco $\overparen{A_iA_j}$. Cada uno de estos puntos pertenece a la línea l_k. Dicha línea l_k debe intersectar exactamente a uno de los segmentos A_iP y A_jP, realizando un número impar de intersecciones. Para las otras líneas, éstas pueden intersectar ambos segmentos A_iP y A_jP o no intersectar ninguna de ellas. Por lo tanto, el número total de puntos de intersección en los segmentos A_iP y A_jP (sin contar P) es impar. Sin embargo, si las ranas se cruzan en P al mismo tiempo, luego debería haber el mismo número de intersecciones en A_iP y A_jP, lo cual resulta en un número par de intersecciones. Generando así una contradicción, y en consecuencia las ranas nunca coinciden al mismo tiempo en el camino.

Caso 2: *Si n es par*
Consideremos cualquier otro modo en que Geoff pueda colocar las ranas y marquemos cada uno de los puntos A_i o B_i "entrada" y "salida" según las direcciones en que se muevan las ranas. En este caso debe existir dos puntos vecinos A_i y A_j, los cuales se encuentran marcados como "entrada". Sea P la intersección de los segmentos A_iB_i y A_jB_j. Luego, cualquier otro segmento que intersecte uno de los segmentos A_iP o A_jP debe intersectar al otro, de manera que el número de intersecciones en A_iP y A_jP son iguales. Esto demuestra que las ranas que parten de A_i y A_j se intersectan en P.

Observación:
Las conclusiones alcanzadas no se verifican en el caso se haga el análisis con seudo-segmentos. Ver los ejemplos a continuación,

IMO 2017

58° Olimpiada Internacional de Matemáticas

Rio de Janeiro - Brasil

IMO 2017

58° Olimpiada Internacional de Matemáticas

Rio de Janeiro, Brasil

12 – 23 de Julio, 2017*.

Problema 1 (Por Stephan Wagner, Sudáfrica)

Para cada entero $a_0 > 1$, se define la sucesión $a_0, a_1, a_2, \ldots$ tal que para cada $n \geq 0$:

$$a_{n+1} = \begin{cases} \sqrt{a_n}, & \text{si } \sqrt{a_n} \text{ es entero.} \\ a_n + 3, & \text{cualquier otro caso.} \end{cases}$$

Determinar todos los valores de a_0 para los que existe un número A tal que $a_n = A$ para infinitos valores de n.

Problema 2 (Por Dorlir Ahmeti, Albania)

Sea $\mathbb{R}$ el conjunto de los números reales. Determinar todas las funciones $f : \mathbb{R} \to \mathbb{R}$ tales que, para cualesquiera números reales x y y,

$$f\big(f(x)f(y)\big) + f(x + y) = f(xy).$$

Problema 3 (Por Gerhard Woeginger, Austria)

Un conejo invisible y un cazador juegan como sigue en el plano euclídeo. El punto de partida A_0 del conejo, y el punto de partida B_0 del cazador son el mismo. Después de $n - 1$ rondas del juego, el conejo se encuentra en el punto A_{n-1} y el cazador se encuentra en el punto B_{n-1}. En la n-ésima ronda del juego, ocurren tres hechos en el siguiente orden:

* El Primer día de competición se realizó el 18 de Julio (Problemas del 1 al 3), mientras que el Segundo día de competición se llevó a cabo el 19 de Julio (Problemas del 4 al 6).

157

(i) El conejo se mueve de forma invisible a un punto A_n tal que la distancia entre A_{n-1} y A_n es exactamente 1.

(ii) Un dispositivo de rastreo reporta un punto P_n al cazador. La única información segura que da el dispositivo al cazador es que la distancia entre P_n y A_n es menor o igual que 1.

(iii) El cazador se mueve de forma visible a un punto B_n tal que la distancia entre B_{n-1} y B_n es exactamente 1.

¿Es siempre posible que, cualquiera que sea la manera en que se mueva el conejo y cualesquiera que sean los puntos que reporte el dispositivo de rastreo, el cazador pueda escoger sus movimientos de modo que después de 10^9 rondas el cazador pueda garantizar que la distancia entre él mismo y el conejo sea menor o igual que 100?

Problema 4 (Por Charles Leytem, Luxemburgo)

Sean R y S puntos distintos sobre la circunferencia Ω tal que RS no es un diámetro de Ω. Sea ℓ la recta tangente a Ω en R. El punto T es tal que S es el punto medio del segmento RT. El punto J se elige en el menor arco RS de Ω de manera que Γ, la circunferencia circunscrita al triángulo JST, intersecta a ℓ en dos puntos distintos. Sea A el punto común de Γ y ℓ más cercano a R. La recta AJ corta por segunda vez a Ω en K. Demostrar que la recta KT es tangente a Γ.

Problema 5 (Por Grigory Chelnokov, Rusia)

Sea $N \geq 2$ un entero dado. Los $N(N + 1)$ jugadores de un grupo de futbolistas, todos de distinta estatura, se colocan en fila. El técnico desea quitar $N(N - 1)$ jugadores de esta fila, de modo que la fila resultante formada por los $2N$ jugadores restantes satisfaga las N condiciones siguientes:

(1) Que no quede nadie ubicado entre los dos jugadores más altos.

(2) Que no quede nadie ubicado entre el tercer jugador más alto y el cuarto jugador más alto.

...

(N) Que no quede nadie ubicado entre los dos jugadores de menor estatura.

Demostrar que esto es siempre posible.

Problema 6 (Por John Berman, USA)

Un par ordenado (x, y) de enteros es un *punto primitivo* si el máximo común divisor de x e y es 1. Dado un conjunto finito S de puntos primitivos, demostrar que existe un entero positivo n y enteros $a_0, a_1, ..., a_n$, tal que para cada (x, y) de S, se cumple:

$$a_0 x^n + a_1 x^{n-1} y + a_2 x^{n-2} y^2 + \cdots + a_{n-1} x y^{n-1} + a_n y^n = 1.$$

Solucionario de Problemas
IMO 2017
Rio de Janeiro, Brasil

Solucionario IMO 2017 – Rio de Janeiro, Brasil.

Problema 1

Puesto que el valor de a_{n+1} depende solamente del valor de a_n, Si para dos índices diferentes m y n se verifica que $a_n = a_m$, luego la sucesión es eventualmente periódica. Por lo tanto, buscaremos los valores de a_0 que cumplan dicha condición.

Lema 1. *Si $a_n \equiv -1$ (mod 3) entonces para todo $m > n$ se tiene que a_m no es un cuadrado perfecto. Resultando que la sucesión es eventualmente estrictamente creciente, y por tanto no es eventualmente periódica.*

Demostración. Ya que un cuadrado perfecto no puede ser -1 (mod 3), luego $a_n \equiv -1$ (mod 3) no es un cuadrado perfecto, y por tanto se tiene que $a_{n+1} \equiv a_n + 3 > a_n$. En consecuencia $a_{n+1} \equiv a_n \equiv -1$ (mod 3) y por tanto tampoco es un cuadrado perfecto. Repitiendo el mismo análisis se infiere que todos los términos de la sucesión no son cuadrados perfectos y son mayores a sus predecesores, culminando así la demostración. ∎

Lema 2. *Si $a_n \not\equiv -1$ (mod 3) y $a_n > 9$ luego existe un índice $m > n$ tal que $a_m < a_n$.*

Demostración. Sea p^2 el mayor cuadrado perfecto, el cual es menor que a_n. Ya que $a_n > 9$, p es al menos 3. El primer cuadrado en la sucesión $a_n, a_n + 3, a_n + 6, \ldots$ será $(p + 1)^2, (p + 2)^2$ o $(p + 3)^2$ por lo tanto existe un índice $m > n$ tal que $a_m \leq p + 3 < p^2 < a_n$ como se enunció. ∎

Lema 3. *Si $a_n \equiv 0$ (mod 3) luego existe un índice $m > n$ tal que $a_m = 3$.*

Demostración. Notamos que la sucesión se encuentra formada por múltiplos de 3. Si $a_n \in \{3, 6, 9\}$ la sucesión eventualmente seguirá el patrón periódico $3, 6, 9, 3, 6, 9, \ldots$. Si $a_n > 9$, sea k un índice tal que a_k es igual al mínimo valor del conjunto $\{a_{n+1}, a_{n+2}, \ldots\}$. Deberíamos tener que $a_k \leq 9$, de lo contrario al aplicar el Lema 2 a a_k llegaríamos a una contradicción. Luego $a_k \in \{3, 6, 9\}$, lo cual completa la demostración. ∎

Lema 4. *Si $a_n \equiv 1$ (mod 3) luego existe un índice $m > n$ tal que $a_m \equiv -1$ (mod 3).*

Demostración. Si 4 es un elemento de la sucesión, éste va seguido siempre de $2 \equiv -1 \pmod 3$. Luego, este lema es verdad cuando $a_n = 4$. Si $a_n = 7$ los términos siguientes serían $10, 13, 16, 4, 2, \dots$ y el lema resulta también verdadero. Para $a_n \geq 10$ tomamos un índice $k > n$ tal que a_k es igual al mínimo valor del conjunto $\{a_{n+1}, a_{n+2}, \dots\}$, el cual por la definición de la sucesión está formado de múltiplos diferentes de 3. Supongamos que $a_k \equiv 1 \pmod 3$ luego deberíamos tener que $a_k \leq 9$ por el Lema 2. En consecuencia $a_k \in \{4, 7\}$, así tenemos que $a_m = 2 < a_k$ para algún $m > k$, llegando a una contradicción. Por lo tanto, se alcanza que $a_k \equiv -1 \pmod 3$. ∎

En conclusión, de los lemas anteriores se infiere que si $a_0 \equiv 0 \pmod 3$ la sucesión alcanzará eventualmente el patrón periódico $3, 6, 9, 3, 6, 9, \dots$; si $a_0 \equiv -1 \pmod 3$ la sucesión es estrictamente creciente, y si $a_0 \equiv 1 \pmod 3$ la sucesión es eventualmente estrictamente creciente. Finalmente, la sucesión será eventualmente periódica si y solo sí $a_0 \equiv 0 \pmod 3$.

Problema 2

Notamos que si $f(x)$ es una solución luego $-f(x)$ también es una solución. Asimismo, asumimos que $f(x) \geq 0$ en consecuencia analizaremos los siguientes casos:

Caso 1: Cuando $f(0) = 0$.
Colocando $y = 0$ en la expresión inicial, tenemos que,

$$f\big(f(x)f(0)\big) + f(x) = f(0) \longrightarrow f(x) = 0, \forall x \in \mathbb{R}.$$

Por lo tanto, $f(x) = 0$, $\forall x \in \mathbb{R}$. es una solución para f.

Caso 2: Cuando $f(0) > 0$.
Para analizar este caso será necesario establecer algunos lemas.

Lema 1. *Si $f(w) = 0 \leftrightarrow w = 1$. Además, $f(0) = 1$ y $f(1) = 0$.*

Demostración. Si hacemos $x + y = xy$ luego la expresión inicial resulta como $f\big(f(w) \cdot f(w/(w-1))\big) = 0$ con $w \neq 1$, de aquí se deducimos $f(0) = 0$, lo cual es una contradicción. Así también, si $x = y = 0$ luego la expresión inicial resulta $f\big((f(0))^2\big) = 0 \longrightarrow (f(0))^2 = 1 \longrightarrow f(0) = 1$ y $f(1) = 0$. ∎

Lema 2. *La función f es inyectiva.*

164

Demostración. Haciendo $y = 1$ en la expresión inicial, se tiene que $f(x + 1) = f(x) - 1$. Y mediante inducción se puede demostrar que $f(x + n) = f(x) - n, \forall x \in \mathbb{R} \land n \in \mathbb{Z}$.

Ahora bien, asumamos que $f(a) = f(b)$ y asimismo también que $x + y = a + 1$ y $xy = b$. Luego, de la expresión inicial se deduce que,

$$f\big(f(x) \cdot f(y)\big) = f(b) - f(a + 1) = f(b) - f(a) + 1 = 1$$

Por lo tanto, se infiere que $f(x) \cdot f(y) = 0 \rightarrow x = 1 \lor y = 1$, y en consecuencia $a = b$. Demostrando así que la función es inyectiva. ∎

Así también, haciendo $y = 0$ en la expresión inicial nos da $f\big(f(x)\big) = 1 - f(x)$. Aplicando la función f a esta última expresión obtenemos que $f\big(f(f(x))\big) = f\big(1 - f(x)\big)$, y a su vez se tiene que

$$1 - f\big(f(x)\big) = f\big(1 - f(x)\big) \rightarrow f(x) = f\big(1 - f(x)\big) \Rightarrow x = 1 - f(x)$$

De lo cual se infiere que $f(x) = 1 - x$ es otra función que satisface la expresión original. Y ya que $-f$ también es solución, luego $f(x) = x - 1$ es una última solución de la expresión original.

En conclusión, La soluciones de la ecuación funcional resultan como sigue, $f(x) = 0$, $f(x) = 1 - x$ y también $f(x) = x - 1$, $\forall x \in \mathbb{R}$.

Problema 3

Supongamos que el conejo revela su posición en A, de modo que la información previa se vuelve irrelevante, y sea n un entero positivo tal que $N > d$. Luego, el

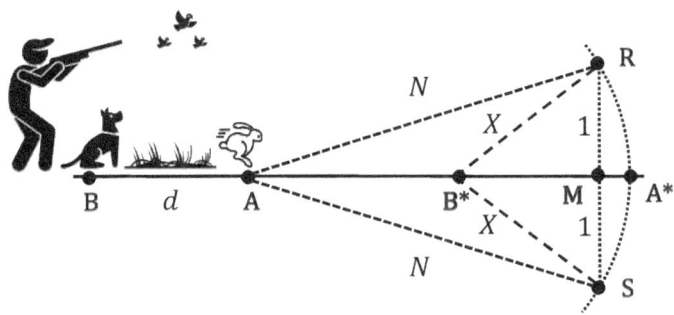

conejo puede moverse en un caso límite hasta llegar a los puntos del arco $\overset{\frown}{RS}$, siendo R y S puntos límites posibles alcanzables de forma que $\overline{AR} = \overline{AS} = N$. Y A^* sería una posición posible si el conejo se mueve en la misma dirección que el cazador.

Asimismo, el cazador se mueve al punto B^* tal que $\overline{BB^*} = N$. De la figura anterior, se verifica que $\overline{B^*R}^2 = 1 + \overline{B^*M}^2 = 1 + \left(\sqrt{\overline{AR}^2 - 1} - \overline{AB^*}\right)^2$, luego tenemos que,

$$X^2 = 1 + \left(\sqrt{N^2 - 1} - (N - d)\right)^2 \geq 1 + \left(\left(N - \frac{1}{N}\right) - (N - d)\right)^2$$

$$= 1 + \left(d - \frac{1}{N}\right)^2$$

Ahora, siempre que $N \geq 4d$ luego tenemos que $X^2 > d^2 + 1/2$. Por lo tanto, no importa lo que el cazador realice, el conejo le gana mientras incrementa su distancia en al menos $\sqrt{d^2 + 1/2}$.

Finalmente, tomando un valor de $N = 400$ y aplicando lo antes dicho $4 \cdot 100^2$ veces, resulta que $1.6 \cdot 10^7 < 10^9$, verificándose así lo buscado.

Problema 4

Primera Solución

En las circunferencias Ω y Γ tenemos que $\angle KRS = \angle KJS = \angle ATS$. Además, puesto que RA es tangente a Ω, deducimos que $\angle SKR = \angle SRA$. Luego, los triángulos ART y SKR son semejantes y se verifica que $\dfrac{TR}{RK} = \dfrac{AT}{SR} = \dfrac{AT}{ST}$.

Asimismo, tenemos que $\angle ATS = \angle KRT$ de lo cual se infiere que $\triangle AST \sim \triangle TKR$, y por lo tanto $\angle SAT = \angle RTK$. Finalmente, se deduce que KT es tangente a Γ en T.

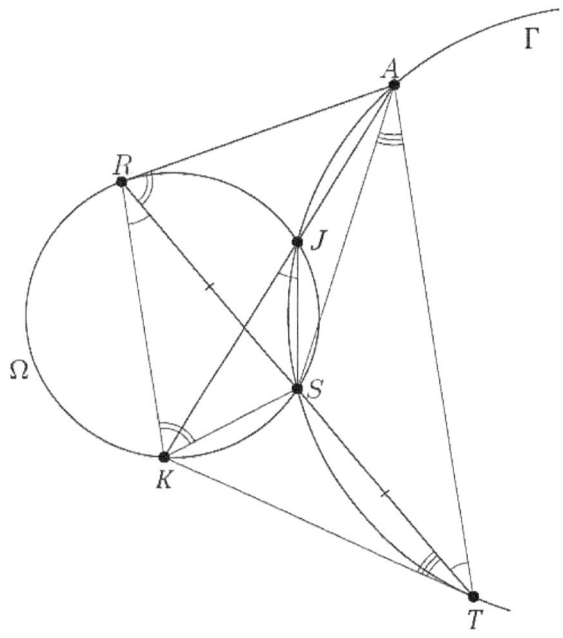

Segunda Solución

Así como en la solución previa, notamos que $\angle KRS = \angle KJS = \angle ATS$, luego tenemos que $RK \parallel AT$. Sea B un punto tal que S es el punto medio de AB, en consecuencia $ARBT$ es un paralelogramo con centro en S y por tanto el punto K se encuentra en la línea RB.

Asimismo, se cumple que $\angle STB = \angle SRA = \angle SKR$ de donde se deduce que el cuadrilátero $SKBT$ es cíclico. Luego, tenemos que $\angle STK = \angle SBK = \angle SBR = \angle SAT$ y por tanto KT es tangente a Γ en T.

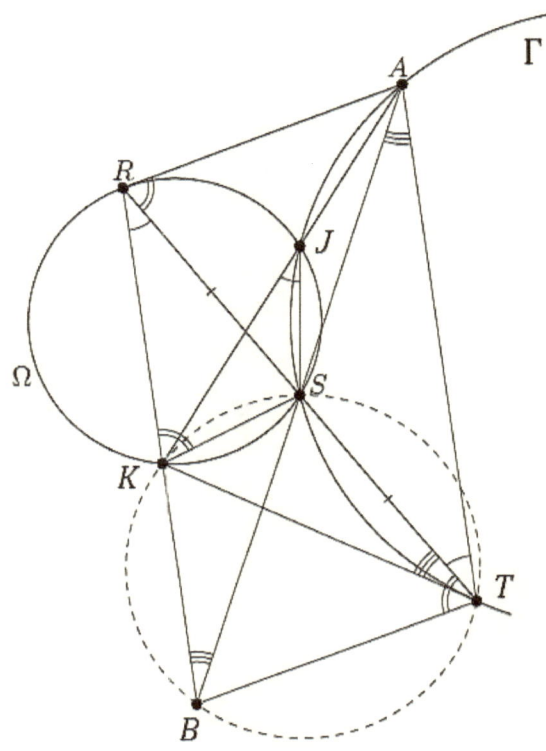

Problema 5

Dividamos la fila en N grupos de $N + 1$ personas cada uno. Demostraremos que al remover $N - 1$ personas de cada grupo se satisfará el deseo del técnico.

En primer lugar, construyamos una matriz de $(N + 1) \times N$ donde h_{ij} es la altura de i- ésima persona más alta del j- ésimo grupo. En otras palabras, cada columna lista las alturas dentro de un grupo individual, dispuestas en orden decreciente de arriba abajo.

Reordenaremos la matriz intercambiando repetidamente columnas completas. Primero, por permutación de columnas hacemos que $h_{2,1} = max\ \{\, h_{2,j} \colon j = 1, 2,$ $..., N\,\}$ de manera que la primera columna contiene la mayor altura de la segunda fila. Fijada la primera columna, permutamos las otras columnas de modo que $h_{3,2} = max\ \{\, h_{3,j} \colon j = 2, 3,\ ..., N\,\}$ de forma que la segunda columna contiene la persona más alta de la tercera fila (excluyendo la primera columna). En resumen, en el paso k ($k = 1, 2,\ ..., N - 1$) se permutan las columnas de k a N de manera

168

que $h_{k+1,k} = max\ \{ h_{k+1,j}: j = k, k+1, ..., N \}$, culminando con el siguiente arreglo,

$$
\begin{array}{ccccccc}
\mathbf{h_{1,1}} & & h_{1,2} & & h_{1,3} & \cdots & h_{1,N-1} & & h_{1,N} \\
\vee & & \vee & & \vee & & \vee & & \vee \\
\mathbf{h_{2,1}} & > & \mathbf{h_{2,2}} & & h_{2,3} & \cdots & h_{2,N-1} & & h_{2,N} \\
\vee & & \vee & & \vee & & \vee & & \vee \\
h_{3,1} & & \mathbf{h_{3,2}} & > & \mathbf{h_{3,3}} & \cdots & h_{3,N-1} & & h_{3,N} \\
\vee & & \vee & & \vee & & \vee & & \vee \\
\cdots & & \cdots & & \cdots & \ddots & \cdots & & \cdots \\
\vee & & \vee & & \vee & & \vee & & \vee \\
h_{N,1} & & h_{N,2} & & h_{N,3} & \cdots & \mathbf{h_{N,N-1}} & > & \mathbf{h_{N,N}} \\
\vee & & \vee & & \vee & & \vee & & \vee \\
h_{N+1,1} & & h_{N+1,2} & & h_{N+1,3} & \cdots & h_{N+1,N-1} & & \mathbf{h_{N+1,N}}
\end{array}
$$

Eligiendo convenientemente las alturas resaltadas del arreglo matricial, formamos una nueva fila de $2N$ personas tal que,

$$h_{1,1} > h_{2,1} > h_{2,2} > h_{3,2} > \cdots > h_{N,N-1} > h_{N,N} > h_{N+1,N}$$

Observamos que cada par de alturas $h_{k,k}$ y $h_{k+1,k}$ se encuentran ubicadas juntas en la nueva fila. Sin embargo, estas alturas pertenecen a la misma columna o grupo de $N + 1$ personas. Por lo tanto es imposible encontrar una altura intermedia entre estas alturas.

Problema 6

En primer lugar, notamos que hallando un polinomio homogéneo $f(x,y)$ tal que $f(x,y) = \pm 1$ basta, ya que entonces tenemos que $f^2(x,y) = 1$. Sean los puntos primitivos de (x_1, y_1) hasta (x_n, y_n). Si cualquiera de dos de estos puntos primitivos (x_i, y_i) y (x_j, y_j) están situados en una misma línea a través del origen, luego $(x_j, y_j) = (-x_i, -y_i)$ porque ambos puntos son primitivos. En consecuencia tenemos que $f(x_j, y_j) = \pm f(x_i, y_i)$ siempre que la función f sea homogénea, por lo que podemos asumir que no existen dos puntos primitivos que son colineales con el origen descartando los puntos primitivos restantes. Considérese los polinomios homogéneos $h_i(x,y) = y_i x - x_i y$ y además

$$g_i(x,y) = \prod_{j \neq i} h_j(x,y).$$

Luego $h_i(x_j, y_j) = 0$ si y solo si $j = i$, ya que existe solamente un punto primitivo sobre cada línea a través del origen. Así tenemos que $g_i(x_j, y_j) = 0$ para todo $j \neq i$. Sea $\theta_i = g_i(x_i, y_i)$ donde $\theta_i \neq 0$, notamos por tanto que $g_i(x, y)$ es un polinomio de grado $n - 1$ donde se cumple las siguientes propiedades, $g_i(x_j, y_j) = 0$ si $j \neq i$ o $g_i(x_i, y_i) = \theta_i$.

Asimismo, para todo $N \geq n - 1$ existe un polinomio de grado N con las mismas propiedades mencionadas. Sea $I_i(x, y)$ un polinomio homogéneo de grado 1 tal que $I_i(x_i, y_i) = 1$, el cual existe ya que (x_i, y_i) es un punto primitivo. Por lo tanto $[I_i(x, y)]^{N-(n-1)} \cdot g_i(x, y)$ tiene grado N y satisface las propiedades anteriores. El problema se puede resumir en el siguiente lema.

Lema. *Para todo entero positivo θ existe un polinomio homogéneo $f_\theta(x, y)$ con coeficientes enteros de grado al menos 1, tal que $f_\theta(x, y) \equiv 1 \pmod{\theta}$ para todo par de números x y y primos entre sí.*

Demostración. Sea θ el mínimo común múltiplo de los números θ_i $(1 \leq i \leq n)$. Y sea la potencia $[f_\theta(x, y)]^k$ de grado al menos $n - 1$ a la cual restamos múltiplos de g_i y obtener el polinomio deseado. Si $\theta = p^k$ donde p es primo entonces podemos elegir: $f_\theta(x, y) = (x^{p-1} + y^{p-1})^{\psi(\theta)}$ si p es impar o $f_\theta(x, y) = (x^2 + xy + y^2)^{\psi(\theta)}$ si $p = 2$.

Ahora supongamos que θ es un entero positivo tal que $\theta = q_1 \cdot q_2 \cdot \ldots \cdot q_k$ donde los términos q_i para $i = 1, 2, \ldots, k$; son potencias de primos, y son primos entre sí a pares. Sean f_{q_i} los polinomios recién construidos y F_{q_i} las potencias de los polinomios que tienen el mismo grado. Tenemos,

$$\frac{\theta}{q_i} F_{q_i}(x, y) \equiv \frac{\theta}{q_i} \pmod{\theta}$$

para dos números x y y primos entre sí. Por el lema de Bézout, existe una combinación lineal de enteros de $\frac{\theta}{q_i}$ igual a 1. Así tenemos que existe una combinación lineal de términos F_{q_i} tal que $F_{q_i}(x, y) \equiv 1 \pmod{\theta}$ para cualquier par de números (x, y) primos entre sí, y por tanto este polinomio es homogéneo en vista que los términos F_{q_i} tienen el mismo grado.

IMO 2018

59° Olimpiada Internacional de Matemáticas

Cluj Napoca - Rumania

IMO 2018

59° Olimpiada Internacional de Matemáticas

Cluj-Napoca, Rumania

03 – 14 de Julio, 2018[*].

Problema 1 (Por S. Brazitikos, E. Psychas y M. Sarantis, Grecia)
Sea Γ la circunferencia circunscrita al triángulo acutángulo ABC. Los puntos D y E están en los segmentos AB y AC, respectivamente, y son tales que $AD = AE$. Las mediatrices de BD y CE cortan a los arcos menores AB y AC de Γ en los puntos F y G, respectivamente. Demostrar que las rectas DE y FG son paralelas (o son la misma recta).

Problema 2 (Por Patrik Bak, Eslovaquia)
Hallar todos los enteros $n \geq 3$ para los que existen números reales $a_1, a_2, \ldots, a_{n+2}$, tales que $a_{n+1} = a_1$ y $a_{n+2} = a_2$, y

$$a_i \cdot a_{i+1} + 1 = a_{i+2}$$

para $i = 1, 2, \ldots, n$.

Problema 3 (Por Morteza Saghafian, Iran)
Un *triángulo anti-Pascal* es una disposición de números en forma de triángulo equilátero de tal manera que cada número, excepto los de la última fila, es el valor absoluto de la diferencia de los dos números que están inmediatamente debajo de él. Por ejemplo, la siguiente disposición es un triángulo anti-Pascal con cuatro filas que contiene todos los enteros desde 1 hasta 10.

---

[*] El Primer día de competición se realizó el 09 de Julio (Problemas del 1 al 3), mientras que el Segundo día de competición se llevó a cabo el 10 de Julio (Problemas del 4 al 6).

$$4$$

$$2 \quad 6$$

$$5 \quad 7 \quad 1$$

$$8 \quad 3 \quad 10 \quad 9$$

Determinar si existe un triángulo anti-Pascal con 2018 filas que contenga todos los enteros desde 1 hasta $1 + 2 + \ldots + 2018$.

Problema 4 (Por Gurgen Asatryan, Armenia)

Un *lugar* es un punto (x, y) en el plano tal que x, y son ambos enteros positivos menores o iguales que 20.

Al comienzo, cada uno de los 400 lugares está vacío. Ana y Beto colocan piedras alternadamente, comenzando con Ana. En su turno, Ana coloca una nueva piedra roja en un lugar vacío tal que la distancia entre cualesquiera dos lugares ocupados por piedras rojas es distinto de $\sqrt{5}$. En su turno, Beto coloca una nueva piedra azul en cualquier lugar vacío. (Un lugar ocupado por una piedra azul puede estar a cualquier distancia de cualquier otro lugar ocupado.) Ellos paran cuando alguno de los dos no pueda colocar una piedra.

Hallar el mayor K tal que Ana pueda asegurarse de colocar al menos K piedras rojas, sin importar cómo Beto coloque sus piedras azules.

Problema 5 (Por Bayarmagnai Gombodorj, Mongolia)

Sea $a_1, a_2, \ldots$ una sucesión infinita de enteros positivos. Supongamos que existe un entero $N > 1$ tal que para cada $n \geq N$ el número

$$\frac{a_1}{a_2} + \frac{a_2}{a_3} + \cdots + \frac{a_{n-1}}{a_n} + \frac{a_n}{a_1}$$

es entero. Demostrar que existe un entero positivo M tal que $a_m = a_{m+1}$ para todo $m \geq M$.

Problema 6 (Por Tomasz Ciesla, Polonia)

Un cuadrilátero convexo $ABCD$ satisface $AB \cdot CD = BC \cdot DA$. El punto X en el interior de $ABCD$ es tal que

$$\angle XAB = \angle XCD \quad y \quad \angle XBC = \angle XDA.$$

Demostrar que $\angle BXA + \angle DXC = 180°$.

Solucionario de Problemas
IMO 2018
Cluj-Napoca, Rumania

Solucionario IMO 2018 – Cluj Napoca, Rumania.

Problema 1

Primera Solución

Sea P el punto medio del arco $\widehat{BC}$. Luego, AP es la bisectriz de $\angle BAC$, y en el triángulo isósceles ADE tenemos que $AP \perp DE$. Así, el enunciado del problema es equivalente a afirmar que $AP \perp FG$.

Sea K la segunda intersección de Γ con la prolongación de FD. Luego, el triángulo FBD es isósceles, por lo tanto $\angle AKF = \angle ABF = \angle FDB = \angle ADK$, y se infiere que $AK = AD$. Del mismo modo, denotando con L la segunda intersección de Γ con la prolongación de GE, obtenemos que $AL = AE$. De lo cual se deduce que $AK = AL$.

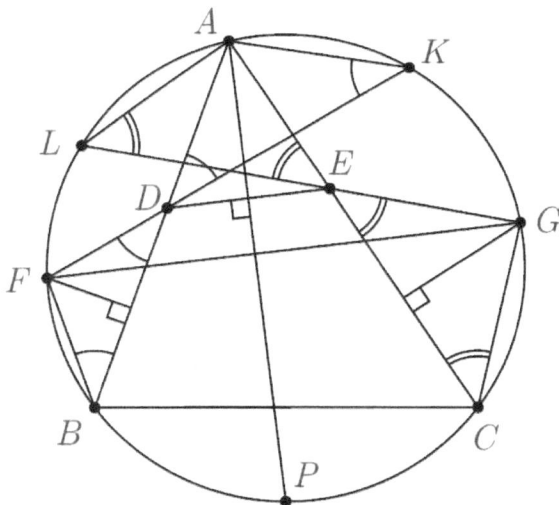

Ya que $\angle FBD = \angle FDB$ tenemos que $\widehat{AF} = \widehat{BF} + \widehat{AK} = \widehat{BF} + \widehat{AL}$ y por lo tanto $\widehat{BF} = \widehat{LF}$. De manera similar, obtenemos que $\widehat{CG} = \widehat{GK}$. Finalmente,

$$\angle(AP, FG) = \frac{\widehat{AF} + \widehat{PG}}{2} = \frac{\widehat{AL} + \widehat{LF} + \widehat{PC} + \widehat{CG}}{2} = \frac{\widehat{KL} + \widehat{LB} + \widehat{BC} + \widehat{CK}}{4} = 90°.$$

Segunda Solución

Sea $Z = AB \cap FG$ y $T = AC \cap FG$. Basta con probar que $\angle ATZ = \angle AZT$. Sea X un punto tal que $FXAD$ es un paralelogramo. Luego,

179

$$\angle FXA = \angle FDA = 180° - \angle FDB = 180° - \angle FBD,$$

Teniendo en cuenta que $FD = FB$, sigue que el cuadrilátero $BFXA$ es cíclico. Luego, X se encuentra sobre Γ.

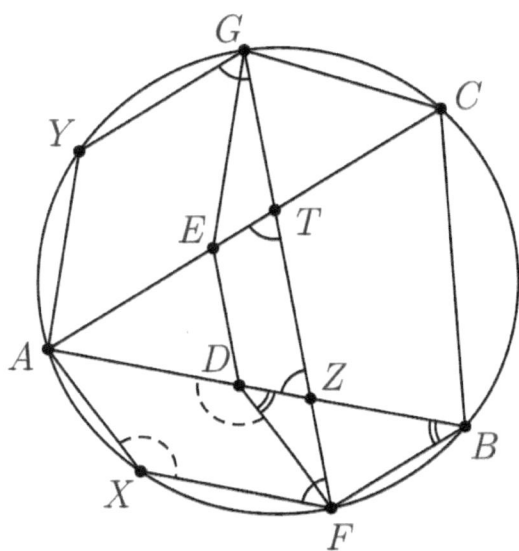

Similarmente, si Y es un punto tal que $GYAE$ es un paralelogramo, luego Y se encuentra en Γ. De manera que el cuadrilátero $XFGY$ es cíclico y $FX = AD = AE = GY$. Por lo tanto, el cuadrilátero $XFGY$ es un trapecio isósceles.

Finalmente, puesto que $XF \parallel AZ$ y $YG \parallel AT$ resulta que $\angle ATZ = \angle YGF = \angle XFG = \angle AZT$.

Tercera Solución

Como en la primera solución, probaremos que $AP \perp FG$, donde P es el punto medio de del arco $\overset{\frown}{BC}$.

Sea O el circuncentro del triángulo ABC y sean M y N los puntos medios de los arcos $\overset{\frown}{AB}$ y $\overset{\frown}{AC}$ respectivamente. Luego, OM y ON son mediatrices de AB y AC, respectivamente.

180

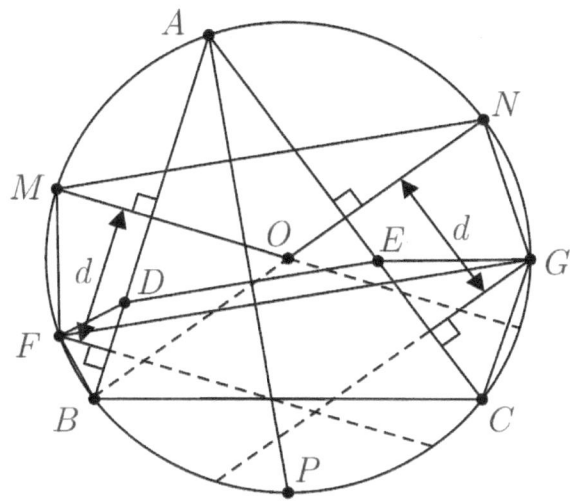

La distancia d entre OM y la mediatriz de BD es $AB/2 - BD/2 = AD/2$, y por lo tanto es igual a la distancia entre ON y la mediatriz de CE. Lo cual prueba que el trapecio isósceles determinado por el diámetro de Γ que pasa por M y la cuerda paralela a este diámetro que pasa por F, es congruente al trapecio isósceles determinado por el diámetro de Γ que pasa por N y la cuerda paralela a éste que pasa por G. Por lo tanto, $MF = NG$, alcanzándose que $MN \parallel FG$.

Entonces, tenemos que

$$\angle (MN, AP) = \frac{\widehat{AM} + \widehat{PC} + \widehat{CN}}{2} = \frac{\widehat{AB} + \widehat{BC} + \widehat{CA}}{4} = 90°,$$

Finalmente, $MN \perp AP$; concluyéndose inmediatamente que $AP \perp FG$.

Cuarta Solución

En primer lugar construimos los paralelogramos $AXFD$ y $AEGY$, siendo X y Y puntos situados en la circunferencia Γ. Sea M el punto medio del arco $\widehat{XF}$, ya que $XF \parallel AB$ luego M es también punto medio del arco $\widehat{AB}$. Ahora, definiendo N como punto medio del arco $\widehat{YG}$, siguiendo un análisis similar al anterior tenemos que N es también punto medio del arco $\widehat{AC}$.

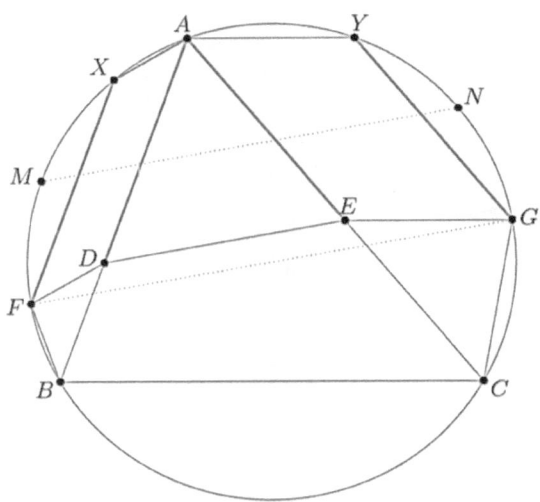

De la construcción geométrica mostrada, se observa que $XF = AD = AE = YG$, en consecuencia se tiene que $\widehat{XF} = \widehat{YG}$. Así también, cumple que $\widehat{MF} = \widehat{NG}$ y por lo tanto $MN \parallel FG$. Puesto que, MN y DE son perpendiculares a la bisectriz del $\angle DAE$ entonces se infiere que $MN \parallel DE \parallel FG$, como se desea.

Problema 2

Primera Solución

Por conveniencia, extenderemos la sucesión $a_1, a_2, \ldots, a_{n+2}$ a una sucesión periódica infinita de periodo n. (n no es necesariamente el periodo más corto)

Si n es divisible por 3 entonces $(a_1, a_2, \ldots) = (-1, -1, 2, -1, -1, 2, \ldots)$ es una solución evidente. Probaremos que en cada sucesión periódica que satisface la fórmula de recurrencia, cada término positivo es seguido por dos valores negativos, y después de ellos sigue un número positivo nuevamente. De esto se deduce que n es divisible por 3.

Si la sucesión contiene dos números positivos consecutivos a_i, a_{i+1} luego $a_{i+2} = a_i \cdot a_{i+1} + 1 > 1$, de modo que el siguiente valor es positivo también; por inducción, todos los números son positivos y mayores a 1. Pero entonces $a_{i+2} = a_i \cdot a_{i+1} + 1 \geq 1 \cdot a_{i+1} + 1 > a_{i+1}$ para cada índice i, lo cual es imposible. Luego, la sucesión es periódica y no puede crecer en cualquier parte.

Si el número 0 aparece en la sucesión, $a_i = 0$ para cierto índice i, tenemos que $a_{i+1} = a_{i-1} \cdot a_i + 1$ y $a_{i+2} = a_i \cdot a_{i+1} + 1$ resultan números positivos consecutivos en las sucesiones, obteniéndose la misma contradicción otra vez.

Nótese que después de cualquier par de números negativos consecutivos, el siguiente debe ser positivo. Si $a_i < 0$ y $a_{i+1} < 0$ luego $a_{i+2} = a_i \cdot a_{i+1} + 1 > 1 > 0$. Por lo tanto, números positivos y negativos siguen el uno al otro de tal manera que cada término positivo es seguido por uno o dos valores negativos y entonces continúa el siguiente término que es positivo.

Consideremos el caso cuando los valores positivos y negativos alternan. Luego, si a_i es un valor negativo entonces a_{i+1} es positivo, a_{i+2} es negativo y a_{i+3} es positivo nuevamente.
Notamos que $a_i \cdot a_{i+1} + 1 = a_{i+2} < 0 < a_{i+3} = a_{i+1} \cdot a_{i+2} + 1$; ya que $a_{i+1} > 0$ tenemos que $a_i < a_{i+2}$. Por lo tanto, los valores negativos forman una subsucesión creciente e infinita, $a_i < a_{i+2} < a_{i+4} < \cdots$ lo cual es imposible ya que la sucesión es periódica.

El único caso que resta por analizar es cuando hay números negativos consecutivos en la sucesión. Supongamos que a_i y a_{i+1} son negativos; luego $a_{i+2} = a_i \cdot a_{i+1} + 1 > 1$. El número a_{i+3} debe ser negativo. Probaremos que a_{i+4} debe ser también negativo.
Se observa que a_{i+3} es negativo y $a_{i+4} = a_{i+2} \cdot a_{i+3} + 1 < 1 < a_i \cdot a_{i+1} + 1 = a_{i+2}$, luego $a_{i+5} - a_{i+4} = (a_{i+3} \cdot a_{i+4} + 1) - (a_{i+2} \cdot a_{i+3} + 1) = a_{i+3}(a_{i+4} - a_{i+2}) > 0$, por lo tanto $a_{i+5} > a_{i+4}$. Puesto que, a lo mucho uno de los números a_{i+4} o a_{i+5} es positivo, eso quiere decir que a_{i+4} tiene que ser negativo.

Finalmente, tenemos que a_{i+3} y a_{i+4} son negativos y a_{i+5} es positivo; así que después de dos términos negativos y un positivo, los siguientes tres términos repiten el mismo patrón. En conclusión, los valores que adopta n son todos los múltiplos de 3 tal que $n \geq 3$.

Segunda Solución
Probaremos que el periodo más corto de la sucesión debe ser 3. Luego, sigue que n debe ser divisible por 3.

Notamos que la ecuación cuadrática $x^2 + 1 = x$ no posee ninguna raíz real, luego los números $a_1, a_2, \ldots, a_n$ no pueden ser todos iguales, por lo tanto el periodo más corto de la sucesión no puede ser 1.

Aplicando la fórmula de recurrencia para i y $i+1$, tenemos que $(a_{i+2} - 1)a_{i+2} = a_i a_{i+1} a_{i+2} = a_i(a_{i+3} - 1)$ de lo cual se infiere que $a_{i+2}^2 - a_i a_{i+3} = a_{i+2} - a_i$. Sumando los términos para $i = 1, 2, \ldots, n$; resulta

$$\sum_{i=1}^{n} (a_i - a_{i+3})^2 = 0.$$

Concluyéndose que $a_i = a_{i+3}$ para todo índice i, de manera que la sucesión $a_1, a_2, \ldots$ es en efecto periódica con periodo 3; luego, n es divisible por 3.

Comentario

Resolviendo el sistema de ecuaciones $ab + 1 = c$, $bc + 1 = a$, $ca + 1 = b$, se observa que el patrón $(-1, -1, 2)$ es repetido en todas las sucesiones que satisfacen las condiciones del problema.

Problema 3

Sea T un triángulo anti-Pascal de n filas, que contiene los enteros del 1 al $1 + 2 + \cdots + n$, y sea a_1 el número en el vértice superior del triangulo T (Ver Figura 1). Los dos números debajo de a_1 son a_2 y $b_2 = a_1 + a_2$, los dos números debajo de b_2 son a_3 y $b_3 = a_1 + a_2 + a_3$ y así sucesivamente hasta la última fila, donde a_n y $b_n = a_1 + a_2 + \cdots + a_n$ son los dos números vecinos debajo de $b_{n-1} = a_1 + a_2 + \cdots + a_{n-1}$. Puesto que los números a_k son n enteros positivos diferentes cuya suma no excede al mayor número en T, la cual es $1 + 2 + \cdots + n$, resulta que estos forman una permutación de $1, 2, \ldots, n$.

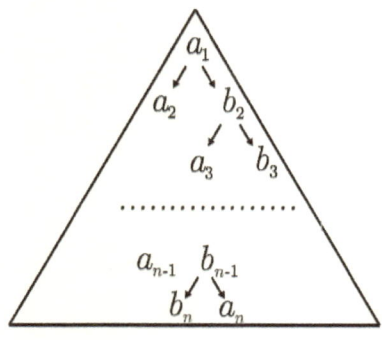

Figura 1

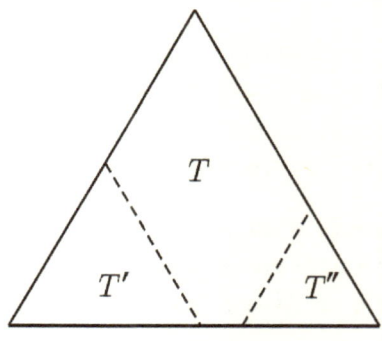

Figura 2

184

Consideremos ahora los dos sub-triángulos equiláteros de T (Ver Figura 2), cuyas filas de base contienen los números a la derecha e izquierda de a_n y b_n, respectivamente. (Uno de estos sub-triángulos puede muy bien estar vacío.) Al menos uno de estos sub-triángulos, por ejemplo T' tiene su lado $\ell \geq \lceil (n-2)/2 \rceil$. Puesto que T' obedece a la regla anti-Pascal, entonces contiene ℓ enteros positivos diferentes $a'_1, a'_2, \ldots, a'_\ell$, donde a'_1 está en el vértice superior, y a'_k y $b'_k = a'_1, a'_2, \ldots, a'_k$ son los dos números vecinos debajo de b'_{k-1} para $k = 2, 3, \ldots, \ell$. Y ya que los números a_k se encuentran fuera del triángulo T', y forman una permutación de $1, 2, \ldots, n$; luego los números a'_k son mayores a n. Por lo tanto,

$$b'_\ell \geq (n+1) + (n+2) + \cdots + (n+\ell) = \frac{\ell(2n + \ell + 1)}{2} \geq \cdots$$

$$\frac{1}{2} \cdot \frac{n-2}{2}\left(2n + \frac{n-2}{2} + 1\right) = \frac{5n(n-2)}{8},$$

el cual es mayor a $1 + 2 + \cdots + n = n(n+1)/2$ para $n = 2018$. Lo cual es una contradicción.

Comentario

La estimación anterior puede ser ligeramente mejorada advirtiendo que $b'_\ell \neq b_n$. Lo cual implica que

$$\frac{n(n+1)}{2} = b_n > b'_\ell \geq \frac{1}{2} \cdot \left\lceil\frac{n-2}{2}\right\rceil\left(2n + \left\lceil\frac{n-2}{2}\right\rceil + 1\right)$$

Luego, $n \leq 7$ si n es impar y $n \leq 12$ si n es par. Observamos que el triángulo anti-Pascal más grande cuyas números integrantes son una permutación de los enteros del 1 al $1 + 2 + \cdots + n$ posee 5 filas.

Problema 4

Plantearemos las estrategias a realizar por Ana y Beto que permitan cumplir el objetivo del enunciado. Una estrategia para que Ana coloque al menos 100 piedras rojas y otra para que Beto evite que Ana ponga más de 100 piedras rojas. Ahora bien, asociamos cada lugar del plano al centro de un cuadrado; luego, los 400 lugares corresponderían a un tablero con 400 cuadrados idénticos. Además, coloreamos dicho tablero como el tablero de ajedrez.

Estrategia de Ana: *Poner las piedras rojas únicamente sobre casilleros negros hasta que todos los casilleros negros sean ocupados.*

Ana coloca las piedras rojas sobre los casilleros negros siempre que sea posible. Dos piedras rojas sobre casilleros del mismo color nunca tendrán como distancia $\sqrt{5}$ (siendo la distancia medida entre los centros de los casilleros). El número de casilleros negros es 200; y ya que ambos jugadores ocupa un lugar a vez, por lo tanto Ana hallará siempre casilleros negros vacíos en sus 100 primeros intentos.

Estrategia de Beto: *Agrupar los casilleros en ciclos de longitud 4, y después de cada intento de Ana, ocupar el casillero opuesto en el mismo ciclo.*

Consideremos ahora los casilleros de un tablero como vértices de un grafo; dos casilleros estarán conectados si dos piedras rojas sobre tales casilleros tienen una distancia de $\sqrt{5}$. Notar que, en un tablero de 4×4 los casilleros pueden ser agrupados en 4 ciclos de longitud 4, como se muestra en la Figura 1. Asimismo, dividimos el tablero en sub-tableros de 4×4, y realizamos el mismo agrupamiento en cada sub-tablero; de este modo ordenamos los 400 casilleros del tablero en 100 ciclos (Ver Figura 2).

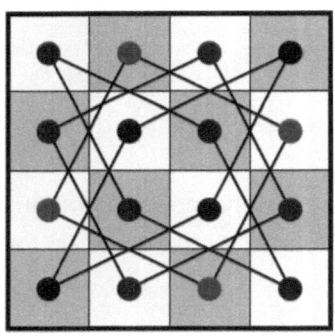

Figura 1

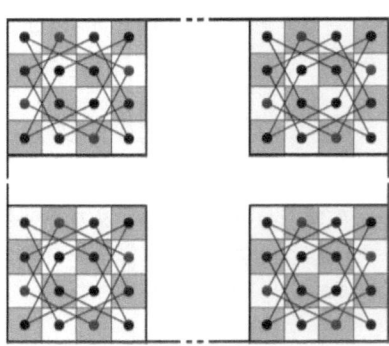

Figura 2

La estrategia de Beto consistiría en lo siguiente: Siempre que Ana ponga una nueva piedra roja en un cierto casillero A, el cual es parte de cierto ciclo $A - B - C - D - A$, Beto pone una piedra azul en el casillero opuesto C de ese ciclo como se observa en la Figura 3. Luego, Ana no puede colocar ninguna piedra roja en A o C en vista que estos casilleros se encuentran ya ocupados. Asimismo, no pueden colocarse ni en B ni en D puesto que desde estos casilleros la distancia es

186

de $\sqrt{5}$ cuando la piedra roja está en A. Por lo tanto, Ana puede colocar a lo sumo una piedra roja en cada ciclo, lo que significa como máximo 100 piedras rojas en total. Cabe mencionar que el resultado permanece inalterable en caso sea Beto el que coloque la primera piedra, dejamos al lector dicha demostración.

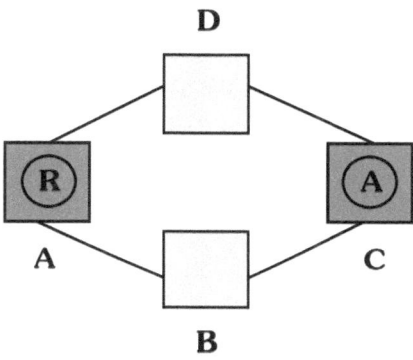

Figura 3

Problema 5

Primera Solución

Para probar la premisa, necesitaremos demostrar dos propiedades. Sean a, b, c enteros positivos tal que $K = b/c + (c - b)/a$ es un entero. Se cumple que:

(1) Si $\mathrm{mcd}(a,c) = 1$ luego c divide a b; y
(2) Si $\mathrm{mcd}(a,b,c) = 1$ luego $\mathrm{mcd}(a,b) = 1$.

Para probar (1), escribimos $ab = c(aK + b - c)$. Puesto que $\mathrm{mcd}(a,c) = 1$, tenemos que c divide a b. Asimismo, para probar (2), escribimos $c^2 - bc = a(cK - b)$ para deducir que a divide a $c^2 - bc$. Haciendo $d = \mathrm{mcd}(a,b)$ se infiere que d divide a c^2 y ya que son primos entre sí por hipótesis entonces $d = \mathrm{mcd}(a,b) = 1$.

Ahora, sea $S_n = \dfrac{a_1}{a_2} + \dfrac{a_2}{a_3} + \cdots + \dfrac{a_{n-1}}{a_n} + \dfrac{a_n}{a_1}$ y $\lambda_n = \mathrm{mcd}(a_1, a_n, a_{n+1})$. Luego,

$$S_{n+1} - S_n = \frac{a_n}{a_{n+1}} + \frac{a_{n+1} - a_n}{a_1} = \frac{a_n/\lambda_n}{a_{n+1}/\lambda_n} + \frac{a_{n+1}/\lambda_n - a_n/\lambda_n}{a_1/\lambda_n}$$

Puesto que, $n \geq N$ y $\mathrm{mcd}(a_1/\lambda_n, a_n/\lambda_n, a_{n+1}/\lambda_n) = 1$, se deduce de (2) que $\mathrm{mcd}(a_1/\lambda_n, a_n/\lambda_n) = 1$. Haciendo $d_n = \mathrm{mcd}(a_1, a_n)$, se tiene que $d_n = \lambda_n \cdot$

$\text{mcd}(a_1/\lambda_n, a_n/\lambda_n) = \lambda_n$. En consecuencia d_n divide a a_{n+1} y por lo tanto d_n divide a d_{n+1}.

Asimismo, notamos que a partir de cierto rango $n \geq P$ donde P es un entero positivo, d_n formará una sucesión no decreciente de enteros que no exceden a a_1, así entonces $d_n = d$.

Finalmente, puesto que $\text{mcd}(a_1/d, a_{n+1}/d) = 1$ se infiere de (1) que a_{n+1}/d divide a a_n/d, de modo que $a_n \geq a_{n+1}$ para todo $n \geq P$. Y por lo tanto, se deduce inmediatamente que existe un entero positivo M tal que $a_m = a_{m+1}$ para todo para todo $m \geq M$.

Segunda Solución

Para todo $n \geq N$, sabemos que

$$S_{n+1} - S_n = \frac{a_n}{a_{n+1}} + \frac{a_{n+1} - a_n}{a_1} \qquad (*)$$

es un entero. Multiplicando la expresión por $a_1 a_n / a_{n+1}$ es un entero también, de manera que $a_{n+1} \mid a_1 a_n$. Esto significa que $a_n \mid a_1^{n-N} a_N$, así todos los divisores primos de a_n se encuentran entre los de $a_1 a_N$. Ya que existen infinitos de tales primos; por lo tanto, será suficiente probar que el exponente de cada uno de ellos en la factorización canónica de a_n es eventualmente constante.

Elegimos cualquier primo $p \mid a_1 a_N$. Asimismo, tenemos que $\delta_p(q)$ es la notación para el exponente de p en la factorización canónica de un numero racional diferente de cero q. Decimos que $n \geq N$ es *grande* si $\delta_p(a_n) \geq \delta_p(a_1)$. Luego, tenemos los casos siguientes:

Caso 1: *Cuando existe un índice grande n.*

Si $\delta_p(a_{n+1}) < \delta_p(a_1)$ entonces $\delta_p(a_n/a_{n+1})$ y $\delta_p(a_n/a_1)$ son no negativos, mientras que $\delta_p(a_{n+1}/a_1) < 0$; por lo tanto $(*)$ no puede ser un entero. Esta contradicción prueba que el índice $n + 1$ es también grande.

Por otro lado, si $\delta_p(a_{n+1}) > \delta_p(a_n)$ entonces $\delta_p(a_n/a_{n+1}) < 0$ mientras que $\delta_p((a_{n+1} - a_n)/a_1) \geq 0$, en consecuencia $(*)$ no puede ser un entero. Así, $\delta_p(a_1) \leq \delta_p(a_{n+1}) \leq \delta_p(a_n)$.

Aplicando los argumentos anteriores sucesivamente a los índices $n + 1, n + 2, \ldots$ se demuestra que todos los índice mayores a n son grandes, y que la sucesión $\delta_p(a_n), \delta_p(a_{n+1}), \delta_p(a_{n+2}), \ldots$ no es creciente, y por lo tanto eventualmente constante.

Caso 2: *Cuando no existe ningún índice grande.*

Tenemos que $\delta_p(a_1) > \delta_p(a_n)$ para todo $n \geq N$. Si $\delta_p(a_{n+1}) < \delta_p(a_n)$ para cierto $n \geq N$, luego $\delta_p(a_{n+1}/a_1) < \delta_p(a_n/a_1) < 0 < \delta_p(a_n/a_{n+1})$ con lo cual se concluiría también que $(*)$ no es un entero.

Por lo tanto, en este caso la sucesión $\delta_p(a_N), \delta_p(a_{N+1})$, $\delta_p(a_{N+2}), \dots$ es no decreciente y acotada por $\delta_p(a_1)$, y por lo tanto es también eventualmente constante.

Problema 6

Sea B' el reflejo de B en la bisectriz interior de $\angle AXC$, de manera que $\angle AXB' = \angle CXB$ y $\angle CXB' = \angle AXB$. Si D, X y B' son colineales luego la demostración está resuelta.

Asumamos lo contrario. Elijamos un punto E del segmento XB' tal que $XE \cdot XB = XA \cdot XC$, de modo que $\triangle AXE \sim \triangle BXC$ y $\triangle CXE \sim \triangle BXA$. Tenemos que $\angle XCE + \angle XCD = \angle XBA + \angle XAB < 180°$ y $\angle XAE + \angle XAD = \angle XDA + \angle XAD < 180°$, lo cual prueba que X se encuentra dentro de los ángulos $\angle ECD$ y $\angle EAD$ del cuadrilátero $EACD$. Además, X se halla en el interior de exactamente uno de los dos triángulos EAD, ECD (y en el exterior del otro).

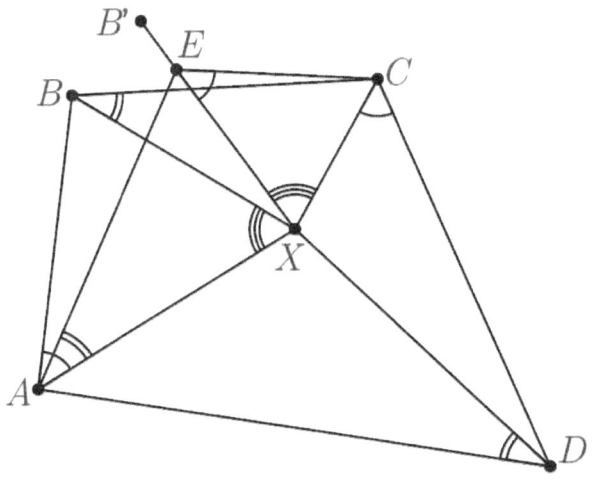

Figura 1

Las semejanzas mencionadas anteriormente implican que $XA \cdot BC = XB \cdot AE$ y $XB \cdot CE = XC \cdot AB$. Multiplicando estas expresiones con la igualdad $AB \cdot CD = BC \cdot DA$ se obtiene $XA \cdot CD \cdot CE = XC \cdot AD \cdot AE$ o en forma equivalente,

$$\frac{XA \cdot DE}{AD \cdot AE} = \frac{XC \cdot AE}{CD \cdot CE} \qquad (*)$$

Lema. *Sea PQR un triángulo y sea X un punto en el interior del ángulo QPR tal que $\angle QPX = \angle PRX$. Luego $\frac{PX \cdot QR}{PQ \cdot PR} < 1$ si y solo sí X se encuentra en el interior del triangulo PQR.*

Demostración. El lugar geométrico de los puntos X con $\angle QPX = \angle PRX$ que se encuentra dentro del ángulo QPR es un arco α de la circunferencia ω que pasa por R y tangente a PQ en P. Asimismo, ω intersecta la línea QR otra vez en Y (si ω es tangente a QR, luego tenemos $Y = R$). Ya que $\Delta QPY \sim \Delta QRP$ se deduce que $PY = \frac{PQ \cdot PR}{QR}$. Bastará con probar que $PX < PY$ si y solo sí X se encuentra en el interior del triángulo PQR. Sea m una recta que pasa por Y paralela a PQ. Notar que los puntos Z de ω que satisface $PZ < PY$ están exactamente entre la recta m y el segmento PQ.

Caso 1. *Cuando el punto Y está sobre el segmento QR* (Ver Figura 2a)
En este caso Y divide a α en dos arcos $\widehat{PY} = \widehat{YR}$. El arco $\widehat{PY}$ se halla dentro del triángulo PQR, y entre m y PQ, luego $PX < PY$ para los puntos $X \in \widehat{PY}$. El otro arco $\widehat{YR}$ se encuentra fuera del triángulo PQR y $\widehat{YR}$ está en el lado opuesto del vértice P del triángulo PYR, por lo tanto $PX > PY$ para los puntos $X \in \widehat{YR}$.

Caso 2. *Cuando el punto Y está sobre la prolongación del segmento QR, más allá de R* (Ver Figura 2b)
En este caso el arco α completo se halla dentro del triángulo PQR, entre m y PQ, así tenemos que $PX < PY$ para los puntos $X \in \alpha$. ∎

Aplicando el Lema anterior a los triángulos EAD y ECD con el punto X, tenemos que solamente una de las expresiones $\frac{XA \cdot DE}{AD \cdot AE}$ y $\frac{XC \cdot DE}{CD \cdot CE}$ es menor a 1, lo cual es una contradicción de acuerdo a $(*)$.

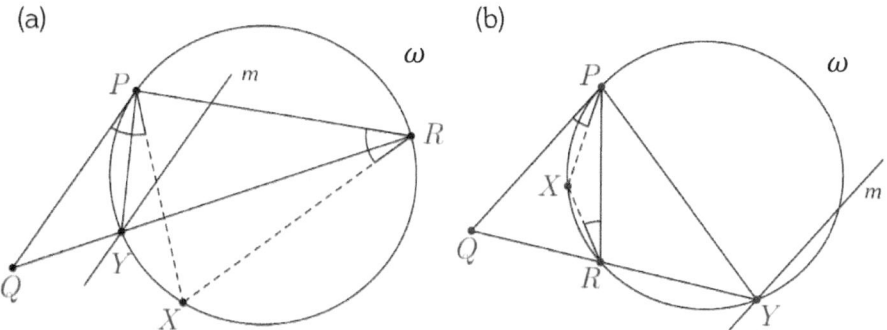

Figura 2

www.ingramcontent.com/pod-product-compliance
Lightning Source LLC
Chambersburg PA
CBHW021405210526
45463CB00001B/232